高等职业教育通信类专业系列教材

LTE 无线网络优化

主　编　丁胜高

副主编　于正永　徐　彤

参　编　许鹏飞　韩金燕　华　山

　　　　束美其　郭　诚

机 械 工 业 出 版 社

本书从 LTE 无线网络优化涉及的工具、指标开始，介绍 LTE 无线网络优化工作中的典型问题，并结合案例进行指标优化和专题优化的工作思路梳理。本书在结构安排上突出循序渐进的特点，并在内容上突出实用性和指导性，在具体案例分析中嵌入关键技术进行介绍。

本书既可以作为高职高专通信类专业的教材，也可以作为网络优化工程人员的参考用书。

为方便教学，本书有电子课件、自我测试答案、模拟试卷及答案等，凡选用本书作为授课教材的学校，均可通过电话（010-88379564）或 QQ（3045474130）索取。

图书在版编目（CIP）数据

LTE 无线网络优化/丁胜高主编. —北京：机械工业出版社，2016.10
（2023.9 重印）

高等职业教育通信类专业系列教材

ISBN 978-7-111-55069-3

Ⅰ.①L… Ⅱ.①丁… Ⅲ.①无线电通信-移动网-高等职业教育-教材
Ⅳ.①TN929.5

中国版本图书馆 CIP 数据核字（2016）第 241857 号

机械工业出版社（北京市百万庄大街 22 号　邮政编码 100037）
策划编辑：曲世海　责任编辑：曲世海　韩　静
责任校对：刘秀芝　封面设计：陈　沛
责任印制：邰　敏
北京富资园科技发展有限公司印刷
2023 年 9 月第 1 版第 5 次印刷
184mm×260mm　·　10.75 印张　·　259 字
标准书号：ISBN 978-7-111-55069-3
定价：35.00 元

电话服务　　　　　　　　网络服务

客服电话：010-88361066　　机　工　官　网：www.cmpbook.com
　　　　　010-88379833　　机　工　官　博：weibo.com/cmp1952
　　　　　010-68326294　　金　书　网：www.golden-book.com
封底无防伪标均为盗版　　机工教育服务网：www.cmpedu.com

前　言

自 2013 年 12 月，工业和信息化部（简称"工信部"）向国内三大运营商（中国移动、中国联通和中国电信）颁发 TD-LTE 牌照，到 2015 年 2 月，工信部向中国电信、中国联通发放了 FDD-LTE 牌照，国内 LTE 规模商用已近 3 年时间。随着 LTE 网络用户和业务的增加，对 LTE 网络的性能也提出了更高的要求，网络优化的工作显得尤为重要。

本书编者均有移动通信网运行维护工作的经历，具有丰富的无线网络优化实践工作经验。本书编写时遵循工学结合的开发理念，以 LTE 无线网络测试/优化岗位技能要求为目标，以工作过程为主线组织内容，注重 LTE 无线网络的现场操作，结合编者网络优化现场工作经验，从 LTE 无线网络优化涉及的工具、指标开始，介绍 LTE 无线网络优化工作中的典型问题，并结合案例进行指标优化和专题业务优化的工作思路梳理。

本书编写特色：

1. 突出内容的实用性和指导性。本书在章节安排、内容选取和案例甄别方面做了大量的工作，突出了实用性，书中使用的案例突出了典型性和可推广性。本书理论知识的安排以够用为原则，尽量体现现场工作的可操作性和可重复性，便于学生和一线技术人员尽快上手。

2. 结构安排上突出循序渐进，内容安排上突出典型。结合网络优化的工作过程和网络优化软件的使用，本书中选取的案例和优化问题点具有代表性和普遍性，并按照知识技能要求，从低到高逐渐深入。

3. 结合具体案例讲解关键技术，在案例分析中介绍相关的理论知识，突出理论对网络优化实践和网络指标的影响。

本书由丁胜高任主编，负责总体设计和统稿；于正永、徐彤任副主编，负责指标优化和覆盖优化内容的组织和审核；许鹏飞、韩金燕、华山、束美其和郭诚参与了本书的编写和相关资料的收集整理工作。

对于书中的疏漏和不妥之处，恳请读者提出宝贵意见。

编　者

目　　录

第1章 概　　述

目标导航

1. 了解 LTE 无线网络的技术特点；
2. 了解 LTE 无线网络优化工作与传统 2G/3G 网络优化的区别和联系；
3. 了解 LTE 无线网络优化工作的典型问题；
4. 了解 LTE 无线网络优化工作的长期性和复杂性；
5. 了解 LTE 无线网络优化工作的发展趋势。

教学建议

内　　容	课时	总课时	重点	难点
1.1　LTE 无线网络的技术特点				
1.1.1　OFDM、MIMO 等新技术应用	1		√	
1.1.2　网络结构扁平化	1			
1.2　LTE 无线网络优化思路				
1.2.1　LTE 与 2G/3G 无线网络优化的比较	1		√	
1.2.2　LTE 无线网络优化的内容		4		
1.3　无线网络优化工作的特点				
1.3.1　无线网络优化基础数据的庞杂性				√
1.3.2　无线网络优化工作的持续性	1		√	
1.3.3　无线网络优化技能需求的复合性				
1.4　无线网络优化工作的发展趋势				

内容解读

　　本章主要介绍 LTE 无线网络采用的一些新技术，通过比较 LTE 和传统 2G/3G 无线网络工作的异同，介绍 LTE 无线网络优化的典型问题；通过对 LTE 无线网络优化的基础数据和网络优化工作的持续性进行介绍，对网络优化工作的主要技能需求进行概括；结合当前 LTE 无线网络优化工作中面临的问题进行分析，对未来网络优化工作的发展趋势进行介绍。

1.1 LTE 无线网络的技术特点

LTE 系统是由 3GPP 制定的 UMTS 技术标准的长期演进，于 2004 年 12 月正式立项并启动。

首先，LTE 系统为实现"三高两低"（高速率、高移动性、高频谱效率、低成本、低时延）目标，引入了 OFDM 和 MIMO 等关键传输技术，显著增加了频谱效率和数据传输速率，支持多种带宽分配（1.4MHz、3MHz、5MHz、10MHz、15MHz 和 20MHz 等），并支持全球主流 2G/3G 频段及一些新增频段，因此频谱分配更加灵活，系统容量与频谱利用效率显著提升。

其次，LTE 系统网络架构采用扁平化结构，减少了网络节点和系统复杂度，很大程度上降低了网络部署和维护成本，也减小了系统的接入时延。

最后，由于 LTE 系统从 UMTS 技术标准演进而来，支持与其他 3GPP 系统互操作，可充分利用现有 2G/3G 网络并发挥各网络优势，满足各目标用户群的差异化需求。

1.1.1 OFDM、MIMO 等新技术应用

以 LTE 为代表的 4G 移动通信系统，集合了近 10 年来移动通信领域涌现出的许多先进技术，其中，MIMO 与正交频分复用技术（OFDM）的结合是最重要的技术之一。

OFDM 是 LTE 系统的技术基础与主要特点。OFDM 系统参数设定对整个系统的性能会产生决定性的影响，其中载波间隔又是 OFDM 系统的最基本参数，经过理论分析与仿真比较最终确定为 15kHz。OFDM 系统上下行的最小资源块为 180kHz，也就是 12 个子载波宽度，数据到资源块的映射方式可采用集中方式或离散方式。循环前缀（CP）的长度决定了 OFDM 系统的抗多径能力和覆盖能力。长 CP 利于克服多径干扰，支持大范围覆盖，但系统开销也会相应增加，导致数据传输能力下降。为了达到小区半径 100km 的覆盖要求，LTE 系统采用长短 2 套循环前缀方案，根据具体场景进行选择：短 CP 方案为基本选项，长 CP 方案用于支持 LTE 大范围小区覆盖和多小区广播业务。

多输入多输出（MIMO）作为提高系统速率的最主要手段，使空间成为一种可以用于提高性能的资源，并能够增加无线系统的覆盖范围。LTE 网络已确定 MIMO 天线个数的基本配置是下行 2×2、上行 1×2，但也考虑 4×4 的高阶天线配置。同时，LTE 网络也正在考虑采用小区干扰抑制技术（ICIC）来改善小区边缘的数据传输速率和系统容量。

1.1.2 网络结构扁平化

全 IP 化是移动通信网络结构发展的趋势，从 3G 的 IMS 到 4G 的全 IP 化接入网，正是网络应用技术不断演进的结果。LTE 接入网在能够有效支持新的物理层传输技术的同时，还需要满足低时延、低复杂度、低成本的要求。原有的网络结构显然已无法满足要求，需要进行调整与演进。

2006 年 3 月的会议上，3GPP 确定了 EUTRAN 的结构，接入网主要由演进型基站（eNodeB）和接入网关（SGW）构成（见图 1-1）。eNodeB 是在 3G NodeB 原有功能的基础

上，增加了 RNC 的物理层、MAC 层、RRC、调度、接入控制、承载控制、移动性管理和小区间无线资源管理等功能。SGW 可以看作是一个边界节点，作为核心网的一部分。

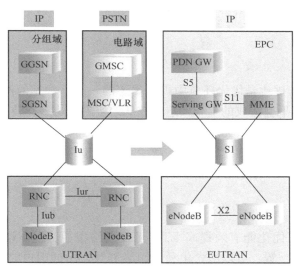

图 1-1　3G 网络与 LTE 网络结构

1.2　LTE 无线网络优化思路

1.2.1　LTE 与 2G/3G 无线网络优化的比较

LTE 无线网络优化与 2G/3G 无线网络优化在很大程度上思路相通，同样关注网络的覆盖、干扰、容量、掉话等情况，通过覆盖调整、干扰调整、参数调整、故障处理等各种网络优化手段达到网络动态平衡，提高网络质量，保证用户体验。

但是，LTE 网络与 2G/3G 网络在优化上还存在一定差异。

1）LTE 系统与 2G/3G 系统关键技术有所区别，导致系统优化中重选、接入、切换等各种过程涉及参数不同。

2）LTE 系统的干扰与 2G/3G 系统的干扰来源也有较大不同，需要通过不同手段规避。

3）LTE 性能严重依赖于 SINR，吞吐量会随 SINR 变差迅速降低。

4）由于 LTE 网络采用同频组网，为提高其服务性能，主服务区范围比 2G/3G 要求更严格。

1.2.2　LTE 无线网络优化的内容

LTE 无线网络优化主要包括物理小区 ID（PCI）优化、覆盖优化、邻区优化、干扰排查、切换优化、接入优化及掉线优化等。

1. PCI 优化

PCI 是 LTE 网络中的物理小区识别码，它标识 LTE 网络中的扇区，每一个扇区都有一个 PCI 与之相对应。在 LTE 网络中，手机开机注册中先接收 PSS（主同步），获取主同步 ID1，再接收 SSS（辅同步），获取辅同步 ID2 之后，通过 PCI（PCI＝3×ID1＋ID2）获取手机所驻留的小区。由于当 PCI 模三之后值相同，因此下行参考信号（RS）就会叠加，导致手机无法解调而产生干扰。PCI 干扰容易出现掉线、下载速率慢等问题。

2. 覆盖优化

LTE 无线网络覆盖优化是优化环节中极其重要的一环，常见的网络覆盖问题是由于过覆盖、弱覆盖或覆盖不平衡造成的，导致造成较低的接入成功率、较高的掉线率、较低的切换成功率以及较低的下载速率。无线覆盖问题产生的原因是各种各样的，包括邻区缺失引起的弱覆盖、参数设置不合理引起的弱覆盖、缺少基站引起的弱覆盖、越区覆盖、背向覆盖及天馈系统的安装与规划不一致引起的覆盖问题等。

3. 邻区优化

LTE 无线网络邻区优化能有效提高 LTE 无线网络覆盖、提高切换成功率、减少掉线率。合理的邻区规划与配置，可以最大化利用网络资源，保证用户的体验。如果 LTE 无线网络邻区配置过多，会影响到终端的测量性能，容易导致终端的测量不准确，引起切换不及时、误切换及重选慢等问题；同样，如果邻区配置过少，小区边缘无法切换，会形成覆盖孤岛。另外，邻区信息错误则直接影响到网络正常的切换流程。LTE 网络邻区优化时需要综合考虑各小区的覆盖范围及站间距、方位角等因素。

4. 干扰排查

LTE 无线网络干扰会给系统带来极大影响，尤其当干扰严重时，会对手机注册、呼叫、接入及切换等带来一系列影响，导致无法接通、呼叫失败或语音无法听清等。另外，如果存在接收频段内干扰，对接收机的灵敏度也会造成影响，抬高系统的接收噪声，影响用户体验。

根据 LTE 网络干扰源的不同，干扰主要分为两大类：一类是系统自身的干扰，包括本小区干扰和邻小区干扰，这种干扰不可避免，但需要尽量减少；第二类是异常干扰，包括上行异常干扰和下行异常干扰。对于来自邻区及外部的干扰，可通过控制邻小区的边缘发射功率、优化邻区关系进行优化；异常干扰需要通过路测和提取基站底噪等进行分析、优化。

5. 切换优化

LTE 网络切换是一个重要的无线资源管理功能，是蜂窝系统所独有的功能和关键特征，是为保证移动用户通信的连续性途径。切换过程的优化对任何一个蜂窝系统都是十分重要的，它不仅能提高用户体验，降低整个网络的负荷，同时还能减少对其他用户的干扰。

从切换结果分类，LTE 网络可分为四大类：

第一类：小区不能切入，即周围小区不能切入问题小区，但是问题小区能切出至周围小区。

第二类：小区不能切出，即周围小区能切入问题小区，但是问题小区不能切出至周围小区。

第三类：小区不能切入也不能切出，即周围小区不能和问题小区进行切换。

第四类：过早切换、过迟切换或者切换到错误小区。

6．接入优化

LTE 无线网络接入过程是 UE 从空闲模式转化进入业务状态阶段的过程。业务建立过程出现的故障和失败，是网络优化工作中的重要组成部分。LTE 无线网络接入问题的定位与发现，目前主要从路测数据分析和设备排障入手，路测数据分析以事件进行问题分析比较容易进行。

7．掉线优化

LTE 无线网络掉线主要分为弱覆盖掉线、切换掉线、干扰掉线及其他原因掉线。可通过路测数据、话统数据的采集与分析，获取掉线前后采集的 RSCP、RSRQ、SINR 指标值及服务小区、邻区等信息，分析掉线前后的信令，定位掉线问题的原因。

1.3　无线网络优化工作的特点

1.3.1　无线网络优化基础数据的庞杂性

无线网络优化工作涉及众多基础设备、各类基础信息（包括基站分布、地理环境、基站设备属性、设备运行参数、网络性能数据、用户投诉数据、现场测试数据、系统测量报告等）的综合分析，同时涉及大量无线网络资源实体的搬迁、调整与信息的变动。

移动网络的网络资源配置、网络参数设置一定是与当前的无线业务分布特征相匹配的，移动网基站的选址、基站天线方向/高度/仰倾角调整、无线信号功率参数设置等优化调整工作也是为了保障无线信号的地理空间覆盖与当前地理空间环境现状相匹配，移动网的业务分布具有较强的地理空间特征，而无线信号的地理空间覆盖质量又涉及移动网络的基础质量。

涉及无线网络优化的大部分数据分析必须结合地理环境来进行才有意义，体现在 IT 技术手段上，地理信息系统平台（GIS）则成为无线网络优化平台的技术核心，GIS 技术在通信运营商的无线网络优化平台中得到了广泛的应用。

随着现代通信个人化、移动化、宽带化的发展趋势，移动通信业务逐步成为现代通信业务的主体，移动通信网的规模越来越庞大、网络结构越来越复杂，业务发展与业务分布也日趋复杂，通信运营商的无线网络优化工作所面对的压力和挑战也越来越大，对无线网络优化平台的支撑能力要求也越来越高。

1.3.2　无线网络优化工作的持续性

因为影响网络质量的因素不是一成不变的，无线通信网络优化应随着网络参数和环境的变化而不断进行。

1）各地区的地物、地貌是不断变化的，特别是近几年来，经济蓬勃发展，城市高楼大厦不断涌现，改变了无线信号的传播环境，可能会出现新的盲区以及来自系统内部的干扰。而且话务的分布也在改变，在原来没有话务或话务较小的地区会出现更高的话务需求，需要及时调整载频以吸收话务量。

2）工程建设会严重改变网络参数，尽管工程规划做得尽善尽美，但规划人员很难将参数调整到最佳状态，不可避免地造成干扰和话务的不均衡，这就需要无线通信网络优化来解决。

3）无线网软硬件版本的升级也会改变部分数据库中的参数，也需要调整参数设置，实施无线通信网络优化。

因此，无线通信网络优化非一朝一夕，而是长期、持久、艰巨的维护工作。简单地说，只要网络运营一天，就需要进行无线通信网络优化。

1.3.3　无线网络优化技能需求的复合性

无线网络优化工作对于技术和能力的要求比较高，随着 LTE 网络大规模商用和用户数的增加，LTE 网络承载的业务类型也越来越复杂。LTE 无线网络优化工作对网络优化工程师的技能要求也在不断提高，具体的技能要求如下：

1）精通 DT/CQT 测试，熟悉 DT/CQT 测试技术规范，能根据不同测试目标和目的，制定测试方案和测试路线，确保测试数据的科学性、准确性和完备性，能对路测数据进行详细分析和报告制作。

2）能根据路测现场的情况对基站或天馈故障进行简单的问题定位，能够根据路测数据做出合理的 RF 调整方案并进行邻区优化等。

3）能够熟练使用 Excel、Word 和 Power Point 等工具，对测试数据和 KPI 指标进行汇总分析，提供分析报告和问题解决建议。

4）能够熟练使用频谱仪、天馈测试仪表等设备进行扫频和天馈故障排查等工作。

5）LTE 无线网络优化工作涉及与 2G/3G 的互操作，因此，不仅要求网络优化工程师对 LTE 系统的信令和业务流程有清晰的了解，还要求其对 2G/3G 网络有清晰的认知。

6）团队合作能力。在网络优化工作中，路测工程师、后台网管维护工程师和系统分析工程师，需要相互协作来完成网络优化的任务，所以要有很强的沟通交流能力、与团队良好协作的能力。

7）持续学习的能力。LTE 网络优化知识更新换代的速度较快，LTE 网络新特性、新业务在持续投入商用，网络优化工程师要善于在实践中学习，不断增加知识和技能储备，以应对新技术、新挑战。

1.4　无线网络优化工作的发展趋势

随着用户业务模型和业务量的发展，无线网络优化工作的手段与重心都出现了质的变化，其发展趋势主要表现在以下几个方面：

1. 发展集中型网络优化支撑系统

支撑工具的优化对于促进无线网络优化工作的发展有着十分重要的意义，现阶段优化分析工作表现出个性化的发展趋势，优化人员常常会根据个人经验与习惯来进行网络优化。无线网络优化效果需要由个人知识积累情况与经验来决定，他们的经验是不能固化的，一旦他们的工作岗位发生变动，必然会影响优化工作的有效性，鉴于此，必须要发展集中型网络优化支撑系统。

2. 发展闭环优化系统

工程技术人员关注的主要问题是无线网络的技术难题，对于网络优化管理人员而言，他们更加关注网络优化管理工作如何开展，从本质而言，无线网络优化属于管理工作的范畴，其优化目标、优化流程与效果评估需要从总体环节进行开展，反复验证，只有这样才能够有效提升整合网络的质量。

在日常工作中，可以应用性能预警、用户投诉等工作来发现网络中存在的各类故障，应用相关的技术模式进行定位，采用智能化模式来验证优化结果，这是一个闭环验证的流程。采用该种方式既可以提升工作效率与资源利用率，又可以减轻优化人员的工作压力，让他们将更多的精力放在其他问题上。

3. 以客户感知为基础来开展业务优化工作

在 2G 蜂窝网络运行初期，主要是提供语音业务，在这个阶段，可以采用网络指标来优化网络评估结果。随着数据业务技术的发展，电信网络也表现出多样化特征，仅仅使用网络指标就无法评判出无线优化工作的成效了。在数据业务发展迅速的现代社会，必须要从客户感知角度来开展业务优化工作。

本书主要从 LTE 网络的考核指标、优化工具入手，介绍 LTE 网络优化的相关概念和工作流程，结合具体案例分析目前中国移动网络中重点考核的一些指标；对目前网络中影响网络质量和用户感知的时延、接入、切换、掉线和流量等问题，结合现网案例，分析其产生原因和常用解决方法；最后结合 LTE 网络与 UMTS/GERAN 网络的互操作和 LTE 网络引入后的语音解决方案这两个专题，深入分析 LTE 网络的专题优化方法和流程。

知识归纳

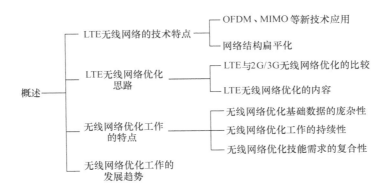

知识要点

1) LTE 系统的"三高两低一平"（高速率、高移动性、高频谱效率、低成本、低时延、网络扁平化），引入了 OFDM、MIMO 和 ICIC 等技术；

2) LTE 无线网络优化关注网络的覆盖、干扰、容量、掉话等情况，通过覆盖调整、干扰调整、参数调整、故障处理等各种网络优化手段达到网络动态平衡；

3) LTE 无线网络优化主要包括 PCI 优化、覆盖优化、邻区优化、干扰排查、切换优化、接入优化及掉线优化等；

4) 无线网络优化工作涉及众多基础设备及各类基础信息，需要使用 GIS 系统将各种信息进行统合，便于网络优化人员分析；

5) 影响网络质量的因素（地形地貌、用户业务、工程建设、软硬件版本）经常变化，导致无线网络优化工作需要持续进行；

6) 无线网络优化需要发展集中型优化支撑系统、闭环优化系统和基于用户感知来展开网络优化工作。

自我测试

一、填空

1. LTE 网络的"三高两低一平"指的是高速率、高移动性、_____、低成本、低时延和网络扁平化。

2. LTE 系统支持多种带宽组网，可以根据运营商的资源情况灵活配置，其支持的最小带宽是_____ MHz，最大带宽是_____ MHz。

3. 根据 LTE 网络干扰源的不同，干扰主要分为两大类：_____和异常干扰。

二、判断

1. 循环前缀（CP）的长度决定了 OFDM 系统的抗多径能力和覆盖能力。长 CP 支持大范围覆盖，短 CP 方案为城区覆盖。（   ）

2. LTE 无线网络优化与 2G/3G 无线网络优化在思路上有相通之处，在具体实施的时候又要根据 LTE 网络自身的特点进行分析处理。（   ）

3. 地理信息系统平台（GIS）则成为无线网络优化平台的技术核心，是因为涉及无线网络优化的大部分数据分析必须结合地理环境来进行才有意义。（   ）

4. 发展集中型网络优化支撑系统可以降低对网络优化工程师个人知识和经验积累的要求，有效提升网络优化效率。（   ）

三、选择

1. LTE 系统支持灵活的带宽配置，支持的带宽有（   ）。

A. 1.4MHz　　　　B. 3MHz　　　　C. 5MHz　　　　D. 15MHz

E. 20MHz　　　　F. 40MHz

2. LTE 无线网络优化主要包括（   ）。

A. PCI 优化　　　B. 覆盖优化　　　C. 邻区优化　　　D. 切换优化

E. 接入优化和掉线优化

3. LTE 切换问题可以包括（　　）。

A. 小区不能切入　　　B. 小区不能切出　　　C. 过早切换　　　D. 过迟切换

E. 切换到错误小区

4. 传送主同步信号和辅同步信号需要多大带宽？（　　）

A. 1.4MHz　　　　　B. 1.08MHz　　　　　C. 930kHz　　　　　D. 最大 20MHz

四、简答

1. 简要描述无线网络优化工作的知识和能力要求。

2. 谈谈自己对无线网络优化工作持续性的理解。

第 2 章　网络优化准备

目标导航

1. 了解 KPI 指标的分类、中国移动考核指标；
2. 了解客户感知考核的 KPI 指标；
3. 了解中兴 NetArtist CXT/CXA 工具的主要功能；
4. 了解中兴 NetArtist WING 工具的主要功能；
5. 了解中兴 RNOHelper 工具。

教学建议

内　　容	课时	总课时	重点	难点
2.1　考核指标				
2.1.1　KPI 指标	2		√	
2.1.2　客户感知指标	1			
2.2　优化工具		6		
2.2.1　中兴 NetArtist CXT/CXA 工具	1		√	
2.2.2　中兴 NetArtist WING 工具	1			
2.2.3　MapInfo 及 RNOHelper 工具	1			√

内容解读

本章主要是 LTE 网络优化的知识准备，主要介绍指标和网络优化中经常用到的工具。网络 KPI 指标包括指标分类和中国移动在 LTE 网络中考核的主要指标；网络优化工具这里主要介绍中兴 NetArtist CXT/CXA/WING 测试分析工具和 RNOHelper 邻区调整工具。

2.1　考核指标

网络质量评估体系根据目标不同，总体上分为"网络性能评估"和"客户感知的业务质量评估"两个维度。网络性能评估主要是评估 KPI 指标。

2.1.1　KPI 指标

无线网络 KPI 是网络质量的直接体现，KPI 监控也是发现问题的重要手段。KPI 监控与优化主要集中在运维（运行维护）期间，网络问题不能靠用户投诉来解决，对一些异常的事件必须第一时间发现并提出相应解决方案，这样才能保证为用户提供良好的语音与数据业务。

KPI 数据来源于操作维护中心（OMC）的网管系统，对关键性能指标 KPI 数据进行分析，可得到各种指标的一个当前状态，这些指标的当前状态是评估网络性能的重要参考。

关于 KPI 的分类，按照统计的来源将 KPI 分为业务 KPI 与网络 KPI：业务 KPI 是指通过外场路测测得的 KPI 数据；网络 KPI 是指通过后台综合网管统计得到的 KPI 数据。

目前中国移动通信集团公司（简称"中国移动"）关注的指标如下：RRC 连接建立成功率、E-RAB 建立成功率、无线接通率、无线掉线率、E-RAB 掉线率、RRC 连接重建比率、eNodeB 间切换成功率、eNodeB 内切换成功率、同频切换执行成功率、异频切换执行成功率、切换成功率、LTE 到 2G 切换成功率、2G 到 LTE 切换成功率、LTE 到 3G 切换成功率、3G 到 LTE 切换成功率、小区用户面上行丢包率、小区用户面下行丢包率、小区用户面下行弃包率、小区用户面下行平均时延、空口上行业务字节数、空口下行业务字节数、上行 PRB 平均利用率、下行 PRB 平均利用率、无线利用率、eNodeB 寻呼拥塞率、上行每 PRB 平均吞吐率、下行每 PRB 平均吞吐率。

2.1.2　客户感知指标

按照客户真实的业务行为，如登录网站、看视频等，测试评估端到端实际的业务质量情况。在端到端客户感知业务质量评估中，主要使用流量和知名度高的 TOP 网站或业务。

目前中国移动通信集团公司考核的主要用户感知指标有 10M 占比，要求大于 95%；平均 SINR，要求大于 15。

此外，中国移动还关注的客户感知指标主要包括：应用层平均下载速率（含掉线）、应用层平均下载速率（不含掉线）、应用层平均上传速率（含掉线）、应用层平均上传速率（不含掉线）、每 RB 平均下载量（含掉线）、每 RB 平均下载量（不含掉线）、掉线率、数据掉线比、边缘 PDCP 下行吞吐量（含掉线）、边缘 PDCP 下行吞吐量（不含掉线）、边缘 PDCP 上行吞吐量（含掉线）、边缘 PDCP 上行吞吐量（不含掉线）、接通率、掉话率、平均呼叫时延、返回 TD-LTE 平均时延、数据可续传比例、并发业务（先语音后数据）数据业务发起成功率、短信发送成功率、短信发送时延、彩信发送成功率、彩信发送时延、HTTP 登录成功率、HTTP 浏览成功率、HTTP 登录时延、HTTP 浏览时延、HTTP 下载成功率、流媒体业务成功率、流媒体加载时延、流媒体时长、流媒体缓冲时长、流媒体缓冲次数、流媒体播放总时长、邮件发送成功率、邮件发送时延。

2.2　优化工具

2.2.1　中兴 NetArtist CXT/CXA 工具

NetArtist 是中兴通讯股份有限公司开发的网络优化工具，其中 NetArtist CXT 是路测软件，NetArtist CXA 是无线优化分析软件。NetArtist CXT 连接示意图如图 2-1 所示。

NetArtist CXT 具备端口智能侦测和连接能力，全面支持 GSM、CDMA、GoTa、WiMAX、UMTS、TD-SCDMA 和 LTE 网络的多业务室内外测试，主要特性如下：

1）支持多终端多制式同时测试，可以对各终端独立控制与显示。

2）快速准确地采集终端诊断测试数据、数据业务各层数据和 GPS 定位数据，参数的采集和显示粒度达到 20ms。

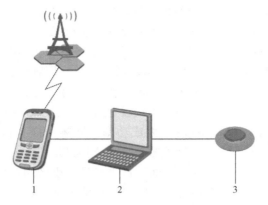

图 2-1　路测软件连接示意图

1—测试手机　2—路测软件　3—GPS 接收机

3）两种数据存储模式——全数据和精简数据。全数据主要用于问题详细分析；精简数据用于常规网络优化，方便共享、分析。

4）具备典型问题诊断能力：接入失败、切换失败、掉话、多模互操作问题分析等。

5）测试业务种类齐全：支持语音、短消息、各种数据业务，如 FTP、PING、HTTP、E - mail、WAP、UDP、VoIP、Video Stream 等。

NetArtist CXT 测试软件数据展现界面如图 2-2 所示。

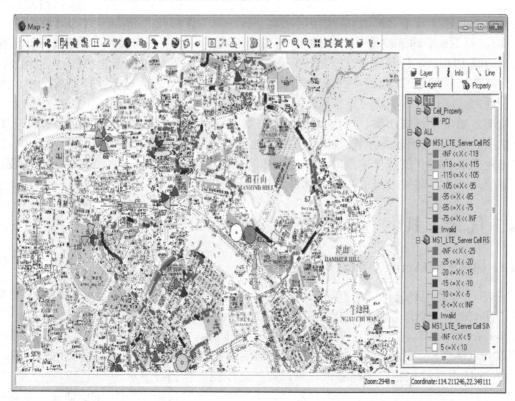

图 2-2　NetArtist CXT 软件测试界面

NetArtist CXA 支持多种制式数据分析，如 GSM、CDMA、UMTS、WiMAX、TD-SCDMA 和 LTE（TDD/FDD），具备智能分析模块，具有可定制的一键报告输出，不仅支持 NetArtist CXT 测试数据，而且兼容支持 TPhone 测试数据以及其他测试数据。主要特性如下：

1）可以对 CXT 或其支持的测试数据进行多窗口同步播放。

2）可对网络常见 KPI 进行查询和统计，输出统计图表，除常用指标外，还提供早终止分析、会话建立时延分析、呼叫建立时延分析以及各层吞吐量分析等网络优化工程师分析问题所要求提供的专业指标。

3）可以进行导频污染分析、漏加邻区分析、无线环境的分析、快衰落消除和越区覆盖等问题分析。

4）提供上下行链路平衡性分析（包括上行链路和下行链路的裕量），便于网络优化工程师调整功率参数，使系统的前反向覆盖均达到一个良好的效果。

5）路测数据和基站信息无缝嵌入 Google Earth，可在 Google Earth 中进行三维显示。

6）提供 GPS 误差自动校正功能，智能识别并修正各种常见的 GPS 问题，如过隧道、漂移、偶然失锁等，为分析提供更为准确的数据。

NetArtist CXA 软件分析结果如图 2-3 所示。

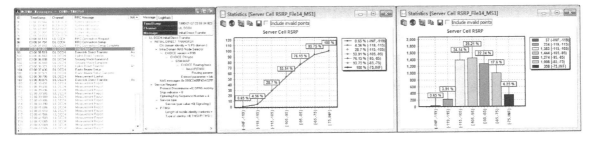

图 2-3 NetArtist CXA 软件分析结果

2.2.2 中兴 NetArtist WING 工具

NetArtistWING 是基于 Android 系统，运行在特定商用智能手机上的一款便携式无线网络空口测试软件，可以真实反映实际用户的网络感知情况。NetArtist WING 连接拓扑如图 2-4 所示。

WING 测试方案与传统路测方案相比，具有体积小巧、方便携带、无需外接测试设备等诸多优点。WING 拥有芯片级数据采集的能力，可以记录丰富、全面、准确的空口测量信息，支持 GSM、WCDMA 和 LTE 制式的测试，主要特性如下：

1）采用商用智能手机，更接近真实网络运行情况，采用一部测试终端代替复杂的传统测试系统（测试终端＋笔记本式计算机＋GPS 接收机），降低测试成本。

2）不受地理条件限制，可适应复杂的环境和地理条件，适合商务楼宇、酒店、高铁、机场候机大厅等传统路测不便测试的场所。

3）支持底层芯片参数、信令，支持 GSM、WCDMA、TD-LTE、FDD LTE 网络。

4）测试计划操作简单，方便随时随地测试，采用超轻量级 LOG（日志）文件，支持长

图 2-4　NetArtist WING 连接拓扑

时间测试。

　　5）支持多种业务测试：FTP Download、FTP Upload、PING、语音呼叫、语音应答、CSFB 测试。

　　6）支持百度地图、网络及 GPS 定位结合的方式，支持在线、离线地图，离线方式保证路测过程中无多余流量干扰。

　　7）支持导入基站信息，并实时显示在地图上，实时显示小区连线。

2.2.3　MapInfo 及 RNOHelper 工具

　　MapInfo 是美国 MapInfo 公司的桌面地理信息系统软件，是一种数据可视化、信息地图化的桌面解决方案。它依据地图及其应用的概念，集成多种数据库数据，融合计算机地图方法，使用地理数据库技术，加入了地理信息系统分析功能，形成了极具实用价值的、大众化的小型软件系统。

　　在无线网络优化工作中，可以使用各种插件，实现基站信息和工参（工程参数）的可视化，结合 Google Earth 卫星地图，可以直观地进行覆盖类问题分析。

　　中兴通讯股份有限公司基于 MAPInfo 开发了 RNOHelper 工具，可以通过导入邻区关系/切换指标，然后进行邻区关系的优化和调整。RNOHelper 插件邻区表导入和邻区关系调整示意图分别如图 2-5 和图 2-6 所示。

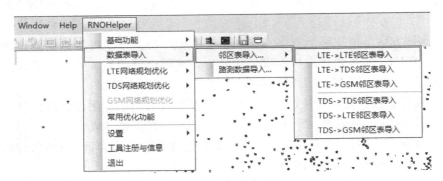

图 2-5　RNOHelper 插件邻区表导入

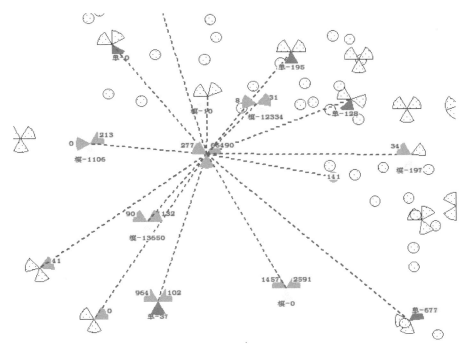

图 2-6 使用 RNOHelper 进行邻区关系调整示意图

知识归纳

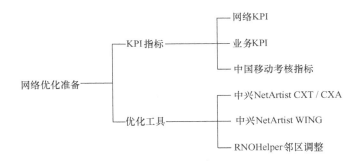

知识要点

1）KPI 是网络性能评估的主要依据，业务 KPI 来自业务测试，网络 KPI 是后台网管统计到的网络指标；

2）客户感知指标是在业务测试中获取的反映用户业务感知的统计指标，是在网络性能分析的基础上，分析各种业务的端到端质量问题，进行基于业务的质量优化；

3）考核指标是工作中最需要关注的指标，是评价网络优化效果的标准，在不同地区和工程实施的不同阶段，具体指标项和考核值会有所不同；

4）网络优化工具可以分为前台工具和后台工具两类，前台工具主要用于获取测试数据，后台工具主要用来对测试数据进行分析并按照模板生成分析报告；

5）MapInfo 工具可以实现基站信息和工参数据的可视化，结合卫星地图，可以对覆盖类问题进行初步分析；结合了切换指标的 RNOHelper 工具，可以进行邻区关系优化，给出邻区关系调整建议。

自我测试

一、填空

1. 按照统计的来源将 KPI 分为_____与_____。

2. _____是指通过外场路测测得的 KPI 数据。

3. 中国移动通信集团公司考核的主要用户感知指标有 10M 占比，要求大于_____；平均 SINR，要求大于_____。

4. 路测软件在测试时需要连接_____来获取位置信息，连接_____来获取无线网络参数和信令。

二、判断

1. 无线网络优化工具往往分为前台和后台两个部分，其中前台主要负责数据采集，后台负责数据分析。（　　　　）

2. 无线网络优化工作可以分为前台和后台，网络优化前台主要使用无线网络优化工具的前台部分；网络优化后台主要使用网络优化工具的后台部分进行网络问题的分析。（　　　　）

三、选择

1. 下列属于网络优化前台工具功能的有（　　　　）。

A. 连接测试终端　　　　B. 连接扫频仪　　　　C. 制定测试计划　　　　D. 采集测试数据

E. 生成测试报告

2. 下列关于 LTE 无线网络优化工具描述正确的有（　　　　）。

A. 中兴 NetArtist WING 工具是基于智能终端的测试，采用一部测试终端代替复杂的传统测试系统来获取测试数据

B. MapInfo 是地理信息系统软件，在无线网络优化工作中可以实现基站数据的可视化，结合电子地图，可以定制测试路径

C. 在使用测试终端进行业务测试时，要根据业务类型，选择不同类型和能力的终端来进行测试

D. 市场上普通的手机可以直接作为测试终端来使用

E. 在业务测试中根据具体的测试任务选择测试数据保存模式，可以节约存储空间

四、简答

1. 简要描述使用路测软件获取测试数据的工作过程。

2. 给出你知道的目前网络优化工作中使用的工具软件。

第3章　无线网络优化流程

目标导航

1. 了解工程优化的工作流程和各阶段的主要工作；

2. 掌握单小区覆盖分析中的天线接续检查、单小区覆盖越区核查、天线的旁瓣和背瓣覆盖核查、无覆盖小区核查等典型问题在路测软件中的呈现、判别和解决方法；

3. 掌握天线接续检查、单小区覆盖越区核查、天线的旁瓣和背瓣覆盖核查、无覆盖小区核查等典型输出问题分析报告和问题解决报告的书写；

4. 掌握覆盖空洞、弱覆盖、越区覆盖、针孔覆盖和导频污染等典型覆盖问题在路测软件中的呈现、判别和解决方法；

5. 掌握接入成功率、掉线率、切换成功率和 PRB 利用率等指标的计算公式。

教学建议

内　　容	课时	总课时	重点	难点
3.1　工程优化流程	2	18		
3.2　运维优化				
3.3　单小区覆盖分析				
3.3.1　天线接序核查	2		√	
3.3.2　单小区覆盖越区核查			√	
3.3.3　天线的旁瓣和背瓣覆盖核查	2		√	
3.3.4　无覆盖小区核查				
3.4　片区覆盖优化				
3.4.1　弱覆盖（RSRP）优化分析	4		√	√
3.4.2　交叉覆盖问题优化	4		√	√
3.5　网络 KPI 指标分析	2			√
3.6　其他优化数据	2			

内容解读

在网络运行的不同时期，对网络优化工作的侧重点有所不同。建设初期主要是工程优化，由于用户少、工程质量等问题，在这个阶段的 KPI 优化没有太大的意义，关注点主要在 RF 调整上面，只要特别关注一下 RRC、ERAB 接入成功率和 ERAB 掉话率即可；网络进入运维时期后，就要进行深度 KPI 优化，也就是常说的参数优化，通过各种参数的联合调整来提升某项指标，达到客户的要求。

3.1　工程优化流程

工程优化主要是通过路测、定点测试等方式，结合天线调整，邻区、频率、PCI 和基本参数优化提升网络 KPI 指标的过程。

从优化流程上来看，工程优化阶段是站点开通后到初验之前的重要阶段。工程优化阶段是后期网络质量和 KPI 指标提升的基础，也是优化工作量最大的一个阶段。主要任务包括：

1. 覆盖优化

覆盖优化的效果将长期影响网络性能，是网络性能的基础。良好的覆盖优化，无论是网络处于空载，还是有较大负荷时，都能有较好的指标，相反，如果覆盖优化做得不好，空载时网络指标上不去，而且随着负载增大，网络指标也会随着明显下降。TD‐LTE 系统采用 AMC 技术和高阶调制 64QAM，对 SINR 要求更高，对网络覆盖优化也提出了更高的要求，因此，控制越区覆盖、净化切换带、消除交叉覆盖尤其突出和重要，特别是切换区覆盖控制。

2. 业务优化

在覆盖优化的基础上，完成对各项业务指标的提升。

3.1.1　工程优化总体流程

工程优化的步骤和流程主要包括：优化准备→参数核查→簇优化→片区优化→边界优化→全网优化。总体流程如图 3-1 所示。

3.1.2　工程优化工作

1. 优化准备

工程优化工作开始前，需要做好如下准备：

1）基站信息表：包括基站名称、编号、MCC、MNC、TAC、经纬度、天线挂高、方位角、下倾角、发射功率、中心频点、系统带宽、PCI、ICIC、PRACH 等；

2）基站开通信息表、告警信息表；

3）地图：网络覆盖区域的 MAPInfo 电子地图；

4）路测软件：包括软件及相应的 license（软件授权期限、功能和加密 Ukey）；

5）测试终端：和路测软件配套的测试终端；

6）测试车辆：根据网络优化工作的具体安排，准备测试车辆；

7）电源：提供车载电源或者 UPS 电源。

2. 参数核查

在网络优化工作开始前，首先针对需要优化区域的站点信息进行重点参数核查，确认小区配置参数与规划结果是否一致，如不一致，则需要及时提交工程开通人员进行修改。

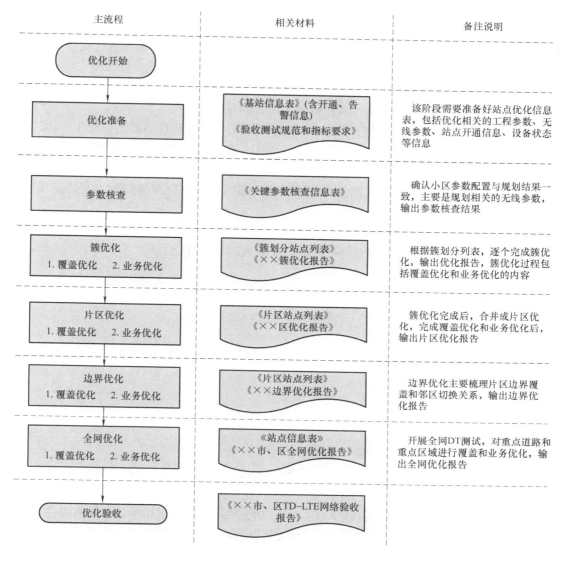

图 3-1　工程优化总体流程图

站点开通时，可以设置统一的开站模板，开站模板中涉及的一些参数由规划确定，各个站点设置不一致，需要手动设置，因此往往出现不一致的现象。重点参数包括频率、邻区、PCI、功率、切换/重选参数、PRACH 相关参数等。具体参数列表见附录 A。

参数核查时，一般在网管系统中导出各个站点参数配置信息表，与站点规划信息表进行对比，核查规划参数和实际配置的差别。

3. 簇优化

根据基站开通情况，对于密集城区和一般城区，选择开通基站数量大于 80% 的簇进行优化。对于郊区和农村，只要开通的站点连线，即可开始簇优化。

在开始簇优化之前，除了要确认基站已经开通外，还需要检查基站是否存在告警，确保优化的基站正常工作。

簇优化是工程优化的最初阶段，首先需要完成覆盖优化，然后开展业务优化。

（1）簇内覆盖优化的工作步骤

1）根据实际情况，选取簇内的优化测试路线，尽量遍历簇内的道路。

2）配置簇内站点的邻区关系，并检查邻区配置的正确性。

3）开展簇内的 DT 测试，由于 TD－LTE 系统中 UE 上电后自动激活，处于 RRC 连接状态，如果需要测试 RRC 连接态下的业务，需要定义相关的测试任务，否则是处在 RRC 空闲状态下的测试。

4）分析测试数据，找出越区覆盖、弱场覆盖、邻区切换不合理等问题点，并输出 RF、邻区优化方案。

5）实施 RF 优化方案，并开展验证测试。

6）循环第 3）、4）步骤，直至问题解决，完成簇内覆盖优化。

（2）覆盖优化的手段和方法

覆盖优化主要用于解决覆盖的四种问题：覆盖空洞、弱覆盖、越区覆盖、导频污染（交叉覆盖）。有如下六种手段（按优先级排）：

1）调整天线下倾角；

2）调整天线方位角；

3）调整 RS 的功率；

4）升高或降低天线挂高；

5）站点搬迁；

6）新增站点或 RRU。

（3）簇内业务优化的工作步骤

1）按照测试规范开展 DT 测试或定点测试。

2）根据测试规范要求的优化目标，分析网络性能指标，如 PDP 激活成功率、RRC 连接建立成功率、FTP 上传和下载速率、PING 包时延、切换成功率等关键指标，对异常事件开展深入分析，查找原因，制定优化方案。TD－LTE 为数据网络，其数据传输速率是衡量网络的关键指标之一，是异于其他网络的一个方面，因此要重点关注数据上传、下载速率的测试和优化。

3）执行步骤 2）的优化方案，并开展验证测试。

4）循环第 2）、3）步骤，直至问题解决，指标达到优化目标值。

4. 片区优化

在所划分区域内的各个簇优化工作结束后，接着进行整个区域的覆盖优化与业务优化工作，优化的重点是簇边界以及一些盲点。优化的顺序也是先覆盖优化，再业务优化，其流程和簇优化的流程完全相同。簇边界优化时，最好是相邻簇的人员组成一个网络优化小组对边界进行优化。在优化过程中，注意及时更新工程参数表和参数调整跟踪表，及时总结调整前后的对比报告。

片区优化同样需要开展覆盖优化和业务优化，其工作步骤与簇优化基本一致，区别在于片区优化的重点是簇边界，以使多个簇形成连片覆盖的区域。

片区优化的具体工作步骤参见簇优化的覆盖优化工作步骤和业务优化工作步骤。

5. 边界优化

边界是指片区交界路线和区域。实际优化中，为缩短优化时间，不同片区由不同的优化队伍并行开展优化，片区交界处无法统一优化，RF 调整不能达到最佳优化状态，因此需要实施边界优化。

片区内优化完成之后，开始进行片区边界优化。由相邻区域的网络优化工程师组成一个联合优化小组对边界进行覆盖优化和业务优化。当边界两边为不同厂家时，需要由两个厂家的技术人员组成一个联合网络优化小组对边界进行覆盖优化和业务优化。覆盖优化和业务优化流程与簇优化流程完全相同。在优化过程中，注意及时更新工程参数表和参数调整跟踪表，及时总结调整前后的对比报告。

6. 全网优化

全网优化即针对整网进行整体的网络 DT 测试，整体了解网络的覆盖及业务情况，并针对客户提供的重点道路和重点区域进行覆盖优化和业务优化。覆盖优化和业务优化流程与簇优化流程完全相同。在优化过程中，注意及时更新工程参数表和参数调整跟踪表，及时总结调整前后的对比报告。

3.2　运维优化

运维优化是在完成单站业务验证与优化并且已经转交给运维团队来进行网络优化的情况下进行的网络优化工作。可以分为以下四个阶段：
1）网络优化准备阶段；
2）空载网络优化阶段；
3）加载优化阶段；
4）优化总结阶段。

其中，加载优化阶段的分析与空载网络优化阶段类似，主要是对空载阶段片区覆盖的 SINR 分析、导频污染、重叠覆盖分析和越区覆盖分析等问题进行分析，在网络有负载时进行测量，获得加载时的测试数据。

优化总结是对优化工作中出现的问题进行汇总，找出共性的问题，指导后续网络优化工作的开展。

下面主要讨论网络优化准备阶段和空载网络优化阶段的工作。

3.2.1　网络优化准备

网络优化准备阶段的工作与工程优化准备阶段的工作相似，但是有所增加，主要包括：

1. 工参信息与系统侧配置参数的获取

主要按 NetArtist CXT/CXA 要求的数据格式进行，并且要求各项工作内容的准确性，特别是工程参数中的经纬度、天线方位角、俯仰角、天线类型、站高等信息的准确性，这将直接影响到后续优化的工作量与效率以及分析的准确性；而系统侧参数主要是 RS 参考信号功率、各小区的 PCI、邻区等参数，要求系统侧参数不能出现任何错误，工程参数侧在优化前进行至少 10％数量的抽检。

2. 基站运行状态核查并协助设备团队进行故障排查

要求各基站小区不能存在故障，也就是基站的完好率应为 100％。发现故障及时通知工程设备部门进行排除并及时监控进展。

3. 优化人员和测试工具的准备

主要是对各种工具进行核查，确保所有工具能够正常工作，不会造成由于现场工具问题而影响优化进度，这也是每次工作之前必须准备的事情。在这里要注意测试终端的型号、版本以及测试软件的版本必须是能正常使用的。

4. 测试线路和测试方法的制定

在线路上要求遍历测试区域内 80％以上的车辆可以进入的线路，特别是双车道及以上道路均需要进行测试；在测试方法上，根据客户要求的合同交付的 KPI 进行制定，通常情况下是数据业务的长保，同时一般也会要求数据业务的短呼业务，以核查接入成功率等指标，进行短呼时要求确定呼叫建立时间、两次呼叫建立时间间隔、业务保持时长等几个参数。

5. 系统侧参数核查

核查要求是规划参数已经完成输入，并且进行多次（最少 2 次）的核查，以确保不会出现问题，这里要重点注意频点、PCI、RS 功率、邻区等参数。如果存在问题，应及时与相关的部门（规划部门）进行沟通并更改。

6. 上行干扰的统计分析

主要是对每个小区的上行干扰进行统计，以便及时发现各个小区的上行干扰情况，以避免影响到用户速率。

3.2.2 空载网络优化

在既定的测试优化区域内，首先进行一次全面的数据业务的长时下载业务摸底测试，测试线路按前期制定的线路进行，测试方法也按照前期制定进行。在完成摸底测试数据的采集后，主要针对测试数据进行以下几个方面的分析：

1）单小区覆盖分析；

2）片区覆盖分析；

3）切换分析；

4）RRC 重建分析；

5）下载速率分析（流量分析）。

这里主要讨论单小区覆盖和片区覆盖，切换分析、RRC 重建分析和下载速率分析将在第 4 章指标优化专题进行讨论。

3.3 单小区覆盖分析

单小区覆盖分析是基础工作，在对网络进行测试摸底之后，首先要针对各个小区进行单小区覆盖分析和统计，了解各个小区的实际覆盖情况，避免做出错误的判断。分析的内容包括天线接序核查、单小区覆盖越区核查、天线的旁瓣和背瓣覆盖核查、无覆盖小区核查。在单小区覆盖分析中，主要使用的 NetArtist CXT 的功能有 LTE COVER LINE 和 PCI'RSRP。

3.3.1 天线接序核查

对测试摸底数据进行分析，确定单小区的主覆盖方向上是否为同站其他小区覆盖，如果是则可能为天线接序错误。注意要考虑工程参数的准确性和 PCI 是否正确（PCI 可能配置错误或者被改动）。如果是与 TD‑SCDMA 共天馈的站点，可以结合 TD‑SCDMA 的测试数据进行分析确认。

图 3-2 给出了典型的天线接反案例，PCI＝94 的小区，方向角为 170°，但是测试中其主覆盖方向却在 30°位置。

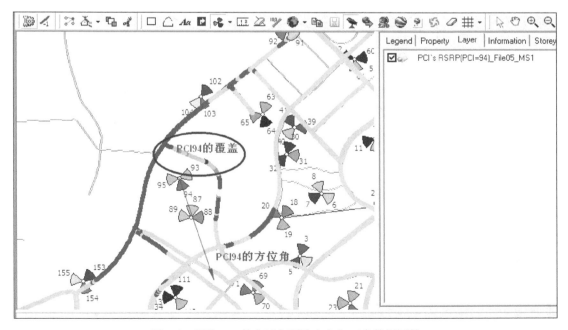

图 3-2　PCI＝94 的小区主覆盖方向与工参数据不符

针对存在天线接序问题的小区，需要进行工程整改。考虑到工程整改需要一段时间，临时解决办法是调整或修改邻区关系，配置需要的邻区关系和保证正常的切换。对全部测试数据进行分析，输出天线接序问题小区列表见表 3-1。

表 3-1　天线接序问题小区列表

小区名称	小区 ID	PCI	确认	TD‑SCDMA 确认	TD‑LTE	处理
中大宿舍北 FE1	19611	80	工参正确，PCI 正确	扇区 1 和 3 接反	扇区 1 和 3 接反	
中大宿舍北 FE3	19613	78	工参正确，PCI 正确	扇区 1 和 3 接反	扇区 1 和 3 接反	
大学城北亭广场 FE1	21871	93	工参正确，PCI 正确	扇区 1 和 2 接反	扇区 1 和 2 接反	
大学城北亭广场 FE2	21872	94	工参正确，PCI 正确	扇区 1 和 2 接反	扇区 1 和 2 接反	
华师西区 FE1	10281	30	工参正确，PCI 正确	扇区 1 和 3 接反	扇区 1 和 3 接反	
华师西区 FE3	10283	32	工参正确，PCI 正确	扇区 1 和 3 接反	扇区 1 和 3 接反	

3.3.2　单小区覆盖越区核查

当一个小区的信号孤立地出现在其周围一圈邻区内或以外的区域时，并且该小区的 RSRP 值大于 −100dBm，称为越区覆盖。越区覆盖的小区可能会导致重叠覆盖、导频污染和乒乓切换等问题。图 3-3 是越区覆盖示意图。

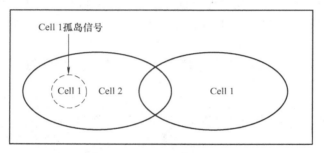

图 3-3　Cell 1 越区覆盖示意图

对于这些问题，可以通过增大下倾角、调整方位角和调整 RS 功率等来解决。注意，处理小区在一个区域的越区覆盖时，要考虑该小区在其他路段的覆盖情况及与其他小区的切换情况，避免调整影响到其他地方的覆盖和切换性能。如果该越区覆盖不能处理掉，则考虑增强最近小区的覆盖形成主服务小区。对于无法处理的越区覆盖问题，要做好邻区的配置。

PCI＝125 的小区出现越区覆盖，如图 3-4 所示。

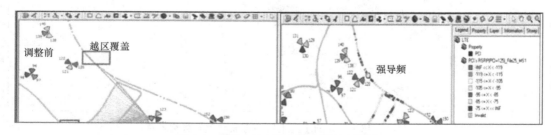

图 3-4　PCI＝125 的小区出现越区覆盖

通过调整该小区的下倾角和调整功率，该小区在外环上的覆盖收缩，越区覆盖得到解决，如图 3-5 所示。

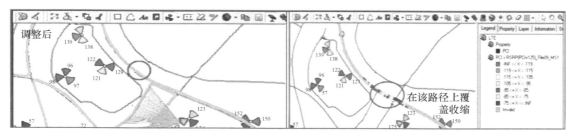

图 3-5　PCI＝125 的小区无越区覆盖

对测试摸底数据进行分析，利用 CXA 的单 PCI 覆盖分析功能，找出越区覆盖小区，输出越区覆盖小区列表（见表 3-2），逐个进行确认和排查。

表 3-2　越区覆盖小区列表

小区名称	小区 ID	PCI	确认	TD－SCDMA 确认	TD－LTE	处理
中大宿舍北 FE1	19611	80	工参正确，PCI 正确		越区覆盖	
中大宿舍北 FE3	19613	78	工参正确，PCI 正确		越区覆盖	
大学城北亭广场 FE1	21871	93	工参正确，PCI 正确		越区覆盖	
大学城北亭广场 FE2	21872	94	工参正确，PCI 正确		越区覆盖	
华师西区 FE1	10281	30	工参正确，PCI 正确		越区覆盖	
华师西区 FE3	10283	32	工参正确，PCI 正确		越区覆盖	

3.3.3　天线的旁瓣和背瓣覆盖核查

利用单小区的 PCI 覆盖分析功能找出天线的旁瓣和背瓣方向存在较强覆盖信号的小区，逐个进行确认。导致天线旁瓣和背瓣覆盖较强的原因可能有反射、工程问题（如馈线接错、接乱）、系统问题（如基带和 RRU 天线的 IQ 数据交换关系错乱）、参数问题（如天线权值设置）、版本问题或天线问题等。

PCI＝140 的小区后瓣较强，PCI＝138 的小区存在一段重叠覆盖区域，这是由 PCI＝140 的天线方向上存在反射造成的，如图 3-6 所示。图 3-7 为现场天线照片。

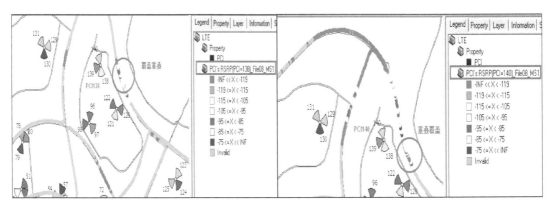

图 3-6　PCI＝140 小区背瓣覆盖

图 3-7   PCI＝140 小区天线

3.3.4   无覆盖小区核查

无覆盖小区是指某个小区在其规划的覆盖区域中进行测试时，测试区域内没有其测量值出现。对拉网摸底数据中没有使用到的小区进行排查，确认未占用该小区是因为覆盖问题还是小区故障问题。NetArtist CXT 软件操作界面如图 3-8 所示。

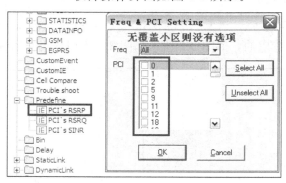

图 3-8   PCI's RSRP 示意图

也可以将各个主服务小区以及 8 个邻区的 PCI 与 RSRP 值导出成 Excel 表，将存在值的 PCI 列出并与整个测试区域的 PCI 值进行对比，不存在的即为无覆盖的小区。

针对测试摸底数据分析，输出无覆盖小区列表，见表 3-3。

表 3-3　无覆盖小区列表

管理网元标识	PCI	无覆盖原因	处理
6006 _ 广中医院 FE2	4	小区断链	
2871 _ 内环西路 FE4	0	小区断链	
1008 _ 贝岗 FE1	114	参数配置问题	

3.4　片区覆盖优化

良好的无线覆盖是保障移动通信网络质量和指标的前提，要想得到一个高性能的无线网络，还必须有合理的参数配置。TD‐LTE 网络一般采用同频组网，同频干扰严重，所以良好的覆盖和干扰控制对网络性能意义重大。

无线网络覆盖问题产生的原因主要有如下五类：

1. 无线网络规划准确度不足

无线网络规划直接决定了后期覆盖优化的工作量和未来网络所能达到的最佳性能。从传播模型选择、传播模型校正、电子地图、仿真参数设置以及仿真软件等方面保证规划的准确性，避免规划导致的覆盖问题，确保在规划阶段就满足网络覆盖要求。

2. 实际站点与规划站点位置偏差

规划的站点位置是经过仿真能够满足覆盖要求的，但实际站点位置由于各种原因无法获取到合理的站点，导致网络在建设阶段就产生覆盖问题。

3. 实际工参和规划参数不一致

由于安装质量问题，出现天线挂高，或方位角、下倾角、天线类型与规划的不一致等情况，使得原本规划已满足要求的网络在建成后出现了很多覆盖问题。虽然后期网络优化可以通过一些方法来解决这些问题，但是会大大增加项目的成本。

4. 覆盖区无线环境的变化

一种是无线环境在网络建设过程中发生了变化，如个别区域增加或减少了建筑物，导致出现弱覆盖或越区覆盖。另外一种是由于街道效应和水面的反射导致形成越区覆盖和导频污染，这种要通过控制天线的方位角和下倾角，尽量避免沿街道直射，减少信号的传播距离。

5. 增加新的覆盖需求

由于覆盖范围的增加、新增站点、搬迁站点等原因，导致网络覆盖发生变化。

覆盖优化主要消除网络中存在的五种问题：覆盖空洞、弱覆盖、越区覆盖、针孔覆盖和导频污染。覆盖空洞可以归入到弱覆盖中，越区覆盖和导频污染都可以归为交叉覆盖，所以，从这个角度和现场可实施角度来讲，优化主要有两个内容：消除弱覆盖和交叉覆盖。

3.4.1 弱覆盖（RSRP）优化分析

弱覆盖一般是指有信号，但信号强度不能保证网络稳定地达到要求的 KPI 的情况。在 DT 测试中，将 RSRP＜－105dBm 的区域定义为弱覆盖区域。

可以利用 NetArtist CXA 工具分析测试 LOG，找出弱覆盖点，如图 3-9 所示。

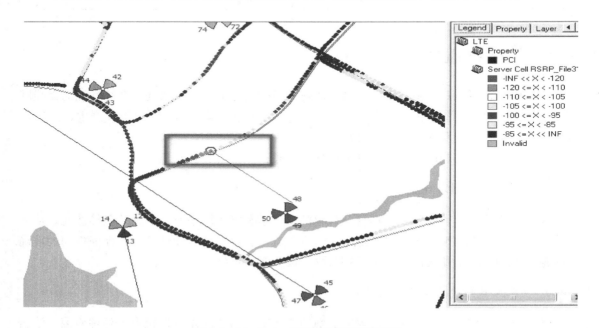

图 3-9　NetArtist CXA 覆盖强度打点图

处理弱覆盖的方法主要有以下几种：

1）调整天线的高度、方位角、俯仰角；

2）增加站点、增加 RRU 拉远、小区拉远；

3）调整 RS 参考信号功率；

4）邻区关系合理性优化。

如果是小区或校园覆盖，可以根据实际环境进行多样化覆盖，例如通过小型板状天线或者小型全向天线进行楼宇渗透覆盖。

在进行覆盖优化的过程中，建议首先采用工程参数的调整完成区域覆盖的优化，在工程参数无法完成的情况下再结合 RS 功率调整或者其他手段组合完成。

对于图 3-10 中所示的弱覆盖打点图，结合卫星地图，发现周边小区在该路段的覆盖都受到了楼宇、绿化物遮挡，从而形成了弱覆盖。

通过对该区域进行现场勘察，可判断出通过调整几个小区的工程参数无法解决该区域的弱覆盖问题，并且该路段有较大的上下起伏。根据实际无线环境可得出，该区域的覆盖需要通过 RRU 拉远的方式来进行，考虑到周边小区是校园深度覆盖，建议在此站新增小区进行拉远。

图 3-10　结合卫星地图的弱覆盖打点图

3.4.2　交叉覆盖问题优化

交叉覆盖问题往往表现出低 SINR 和乒乓切换。

SINR：信号与干扰加噪声比（Signal to Interference plus Noise Ratio），是指接收到的有用信号的强度与接收到的干扰信号（噪声和干扰）的强度的比值。

一般计算公式如下：

PDCCH SINR＝所属最佳服务小区的信道接收功率/覆盖小区信道在该处的干扰

SINR 与下行速率仿真结果如图 3-11 所示。

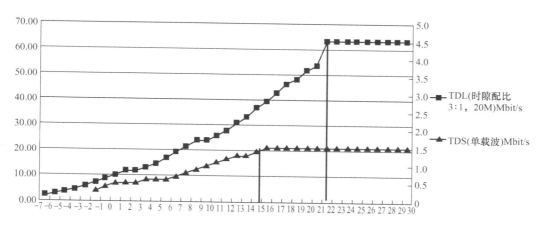

图 3-11　SINR 与下行速率仿真结果

可以看出，SINR 与下行速率在 SINR＜22dB 时，基本是线性关系，所以对业务速率的要求，可以转化成对 SINR 的要求。

需要注意的是，不同的运营商对于 SINR 的指标要求不同，并且相同的运营商在不同的网络建设阶段也会有不同的 SINR 指标要求，中国移动目前的要求是空载网络下 SINR＞－3dB 的比例为 95%。一般的优化目标是：SINR＜－3dB 的概率小于 1%，SINR＜0dB 的概率小于 4%。

对于图 3-12 中方框区域中红色测试点部分，SINR＜－3dB。在该区域 PCI＝113、PCI＝149、PCI＝134 和 PCI＝147 这 4 个小区的 RSRP 都在－100dBm 左右，并且 PCI＝113、PCI＝149 和 PCI＝134 的小区还是 3 个模三干扰的小区。

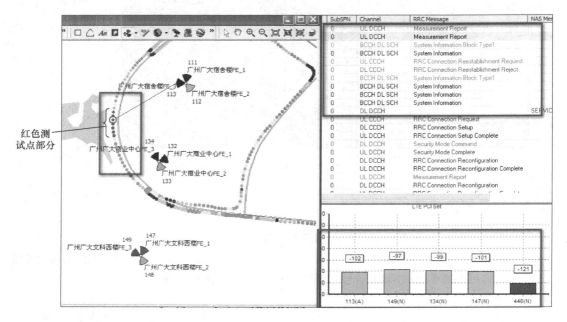

图 3-12　低 SINR 问题点

处理 SINR 低的方法：

1）尽量避免同模小区的切换、同模小区重叠覆盖；

2）主要通过调整天线的方位角、俯仰角、高度来解决；

3）在天线工参无法调整的情况下，也可以考虑通过 RS 参考信号功率的调整来解决；

4）当两个小区的天线夹角过小时，可以采用小区合并的方法来解决；

5）处理切换晚、不切换和切换失败后引起的重建现象；

6）确定主导频以后，降低其他小区的信号。

对于上述案例，通过将 PCI149 小区的俯仰角压低 3°、方位角逆时针旋转 20°，临时降低了干扰，后续还需要对 PCI 进行重新规划解决模三干扰问题。

3.5　网络 KPI 指标分析

通过网络 KPI 指标分析，可以筛选出 TOP 小区，有针对性地安排 DT 测试。网络 KPI 指标监控是日常网络监控维护的主要工作，也是网络性能分析的主要依据。

3.5.1　指标分类

指标按照不同的网元对象，可以分为小区级指标、小区对级指标、天线 port 级指标和 eNodeB 级指标等；按照统计的时间粒度可以分为 15min 粒度、30min 粒度、1h 粒度、24h 粒度、7 天粒度和月粒度等；按照指标相关性可以分为保持性指标、接入类指标、移动性指标、资源类指标和系统容量类指标等。

通常厂商都会提供一个详细的指标描述文档，对每个类别里面的每个指标、每个 KPI 指标实现的公式、相应计数器的定义、每个指标的分类、指标的取值范围等都可以在这里找到；对于单个的计数器定义与说明，可以参考指标描述文档，其中会阐述各计数器的定义及触发点。本章主要对一些常用的重点指标进行举例说明，同时也以表格的形式对每个指标进行了质量等级的划分，当指标质量等级为差时，就需要对该指标进行优化了，读者可以用类似的方法自己深入学习其余的指标。

下面以中国移动 4G 一期为背景，介绍当前外场比较关心的接入类、保持性、移动性和系统容量类四类指标的定义。

3.5.2　接入类指标

1. RRC 连接成功率

本指标反映 eNodeB 或者小区的 UE 接纳能力，RRC 连接建立成功意味着 UE 与网络建立了信令连接。RRC 连接建立原因（信元 Establishment cause 中携带），包括如位置更新、系统间小区重选、注册等的 RRC 连接建立。公式中的 RRC 连接建立次数和 RRC 连接建立成功次数是对信元 Establishment cause 中所有值都做统计。

公式定义：

RRC 连接建立成功率＝RRC 连接建立成功次数/RRC 连接建立请求次数×100％

RRC 连接建立成功率与小区质量等级关系见表 3-4。

表 3-4　RRC 连接建立成功率与小区质量等级

序　号	统计对象	统计粒度	取值范围	小区质量等级
1	CLUSTER/Cell 级	24h	＜80％	差
2	CLUSTER/Cell 级	24h	80％～98％	良
3	CLUSTER/Cell 级	24h	＞98％	优

2. ERAB 建立成功率

本指标用于了解该小区内 UE 业务建立成功的概率，部分反映了该小区范围内用户发起的业务的感受度。ERAB 建立成功则是成功为用户分配了用户平面的连接。

公式定义：

ERAB 建立成功率＝ERAB 建立成功数/ERAB 建立请求数×100％

ERAB 建立成功率与小区质量等级关系见表 3-5。

表 3-5　ERAB 建立成功率与小区质量等级

序　号	统计对象	统计粒度	取值范围	小区质量等级
1	CLUSTER/Cell 级	24h	<80%	差
2	CLUSTER/Cell 级	24h	80%~98%	良
3	CLUSTER/Cell 级	24h	>98%	优

3.5.3　保持性指标

1. 无线掉线率

无线掉线率反映了系统的业务通信保持能力，也反映了系统的稳定性和可靠性。UE 掉线是指由于异常原因被 UE 主动发起 RRC 释放的情况。公式统计的是异常原因的掉线率，现在归为正常释放的原因值包括：用户不活动（Inactive）、操作维护干预、过载控制导致的释放、CCO、重定向，其他情况归为异常。

公式定义：

无线掉线率＝（eNodeB 请求释放上下文数－正常的 eNodeB 请求释放上下文数）/
初始上下文建立成功次数×100%

无线掉线率指标与小区质量等级关系见表 3-6。

表 3-6　无线掉线率与小区质量等级

序　号	统计对象	统计粒度	取值范围	小区质量等级
1	CLUSTER/Cell 级	24h	>1.5%	差
2	CLUSTER/Cell 级	24h	1%~1.5%	良
3	CLUSTER/Cell 级	24h	0.4%~1%	优

2. ERAB 掉线率（小区级）

ERAB 掉线是指由于异常原因被 eNodeB 主动发起 ERAB 释放的情况。公式统计的是异常原因的掉线率，现在归为正常释放的原因值包括用户不活动、操作维护干预、过载控制导致的释放、重定向、CCO 等，其他情况归为异常。

公式定义：

ERAB 掉线率＝（切出失败的 ERAB 数＋eNodeB 请求释放的 ERAB 个数－
正常的 eNodeB 请求释放的 ERAB 数）/
（遗留 ERAB 个数＋ERAB 建立成功数＋切换入 ERAB 数）×100%

ERAB 掉线率与小区质量等级关系见表 3-7。

表 3-7　ERAB 掉线率与小区质量等级

序　号	统计对象	统计粒度	取值范围	小区质量等级
1	Cell 级	24h	>4.0%	差
2	Cell 级	24h	2.0%~4.0%	良
3	Cell 级	24h	<2.0%	优

3.5.4　移动性指标

切换成功率是系统移动性管理性能的重要指标，切换过程不区分同频/异频。

公式定义：

$$切换成功率＝（eNodeB 间 S1 切换出成功次数＋eNodeB 间 X2 切换出成功次数$$
$$＋eNodeB 内切换出成功次数）/（eNodeB 间 S1 切换出请求次数$$
$$＋eNodeB 间 X2 切换出请求次数＋eNodeB 内切换出请求次数）×100\%$$

切换成功率指标与小区质量等级关系见表 3-8。

表 3-8　切换成功率指标与小区质量等级

序　　号	统计对象	统计粒度	取值范围	小区质量等级
1	Cell 级	24h	<90%	差
2	Cell 级	24h	90%～98%	良
3	Cell 级	24h	>98%	优

3.5.5　系统容量类指标

PRB 利用率反映了系统的无线资源利用情况，为系统是否需要扩容以及系统算法优化提供了依据，通常情况下忙时 PRB 利用率不超过 75%。

计算公式：

$$PUSCH PRB 平均利用率＝（小区载频 PUSCH 实际使用 PRB 个数/$$
$$小区载频 PUSCH 可用的 PRB 个数）×100\%$$

3.6　其他优化数据

在日常网络优化工作中，除了上面介绍的来自 DT 和 OMC 的数据外，还经常使用信令数据、告警数据和用户投诉数据来对网络运行情况进行分析。

3.6.1　信令数据

目前使用的信令数据主要有 MR（Measure Report，测量报告）和 eNodeB 信令跟踪。

MR 数据的获取需要在 eNodeB 上打开周期性测量开关，打开该开关以后，终端在连接态会周期性上报测量结果，会提高 PUCCH 信道的负荷。目前中国移动的策略是每个月最后一周的周四～周日这 4 天打开。

对 MR 数据进行汇总，可以得到每个小区和邻区各测量值段占比，通过对占比分析可以得到该小区是否存在弱覆盖、过覆盖和重叠覆盖等问题。图 3-13 是根据 MR 数据分析得出的覆盖问题区域。

eNodeB 信令跟踪可以在网管上打开基于小区的信令跟踪获取信令数据。跟踪信令数据时会加重 eNodeB 处理板的负荷和占用维护网络的带宽，建议不要在忙时打开信令跟踪。

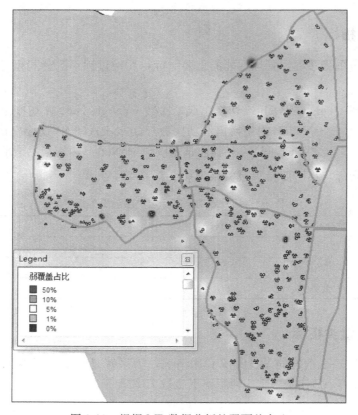

图 3-13　根据 MR 数据分析的弱覆盖占比

　　在网管上打开信令跟踪，选定需要跟踪的小区、接口类型和跟踪时间段，如图 3-14 所示。

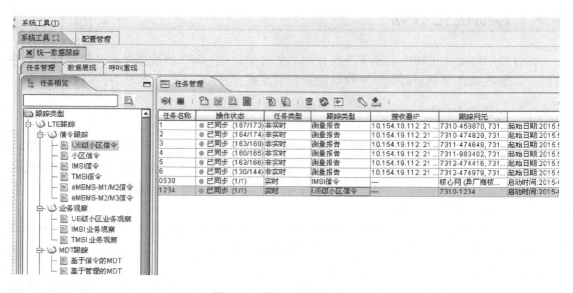

图 3-14　消息跟踪任务管理

将跟踪结果保存到本地文件夹，如图 3-15 所示。

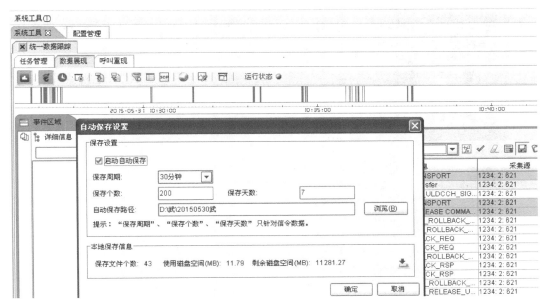

图 3-15　跟踪消息自动保存设置

使用信令解析工具分析获取的信令，对 RRC 释放原因和内部释放原因进行统计，找出异常释放呼叫。然后对异常释放流程进行分析，找到异常释放的原因。图 3-16 给出了信令解析工具解析的释放原因。

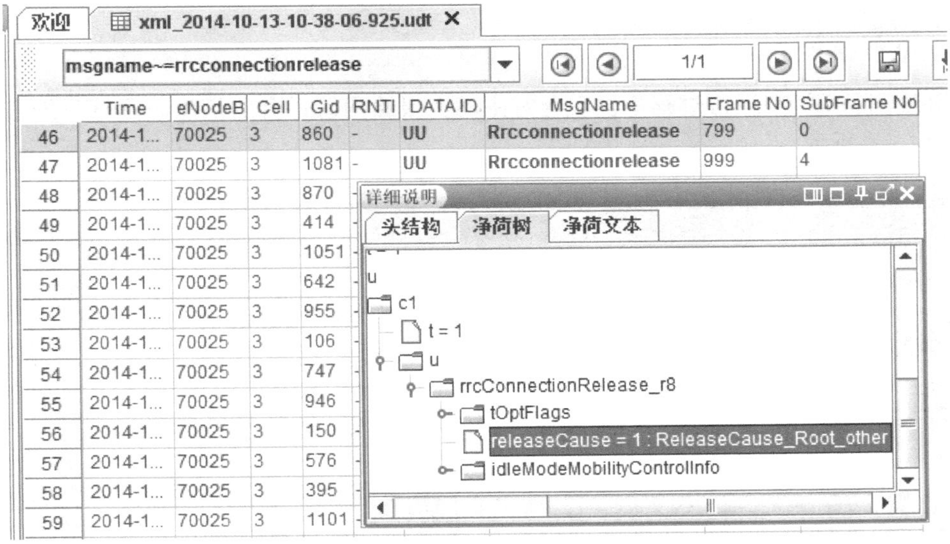

图 3-16　消息跟踪释放原因分析

如果是本端 eNodeB 的原因引起的异常释放，还可以进一步通过 DSP 监控工具登录到 eNodeB 设备，对 eNodeB 运行过程中进行监控，监控内存变量和状态参数（见图 3-17），确认是否是当前处理机制的问题。

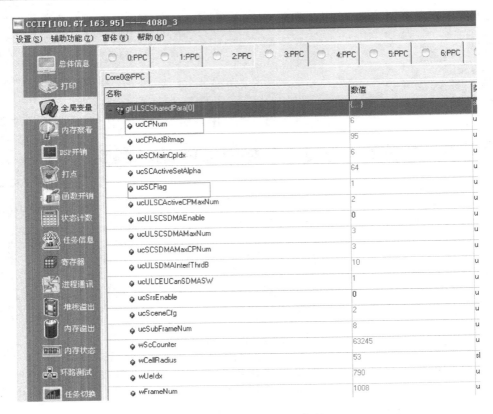

图 3-17　DSP 监控工具截图

3.6.2　告警数据

告警是 eNodeB 在运行过程中发现异常主动上报给网管平台的信息。网管系统告警管理界面如图 3-18 所示。

图 3-18　告警监控

单击对应的告警,可以看到告警详细描述和告警处理建议,如图 3-19 所示。

图 3-19 告警详细信息和处理建议

通常情况下可以按照处理建议对告警进行初步分析。

3.6.3 用户投诉数据

用户投诉数据是客服中心收到的用户投诉,其中有部分是和网络质量相关的投诉,可以为定位问题区域提供更直接的帮助。对于初始的问题受理记录要进行筛选,将和网络质量无关的问题排除,定位出问题点,在后续制定路测路径时,一起测试。投诉记录表格式见表 3-9。

表 3-9 投诉记录筛选结果表

序号	网络类型	所属区域	投诉地点	投诉工单详细内容	工单下发时间
263	4G	城中区	某超市	专家区:受理信息无误,我处资源有限,需电子运维部门处理。客户号码不能上网,没有 4G,要求查询原因,请电话联系区域客户经理处理,谢谢!受理导航内容:null	2015/5/3 16:54
294	4G	城西区	某商场	专家区:受理信息准确无误,暂无资讯,我处资源有限,需分公司电子运维进一步处理。客户来电反映本手机在城西区某商场附近一带是使用的移动 3G 网络,但是手机经常上不了网或者网络非常慢,包括在移动营业厅也是一样的,周围其他移动客户也是同样的情况,烦请贵处核实,谢谢!受理导航内容:null	2015/5/7 20:21

（续）

序号	网络类型	所属区域	投诉地点	投诉工单详细内容	工单下发时间
299	4G	城西区	某超市附近	专家区：受理信息无误，经查网络支撑客服平台无资讯，我处资源有限，需电子运维部门进一步处理。客户来电反映本机城西区某超市附近无法正常上网，周边客户都一样，要求派人处理，请贵处核实回电给客户，回复本机，谢谢！受理导航内容：null	2015/5/8 14：53

问题处理结果反馈也要汇总成表格存档，见表 3-10。

表 3-10　问题处理反馈表

序号	网络类型	所属区域	投诉地点	问题是否解决	备　注	原因归类	投诉工单编号
1	4G	城中区	某超市	已解决	联系客户多天都处于关机状态，结合 4G 信令监测平台该客户在其他地方上网正常	其他原因	HN－056－150503－00442
2	4G	城西区	某商场	已解决	调整天线后，效果明显	覆盖盲点	HN－056－150507－00860
3	4G	城西区	某超市附近	已解决	回访客户已恢复正常	其他原因	HN－056－150508－00364

知识归纳

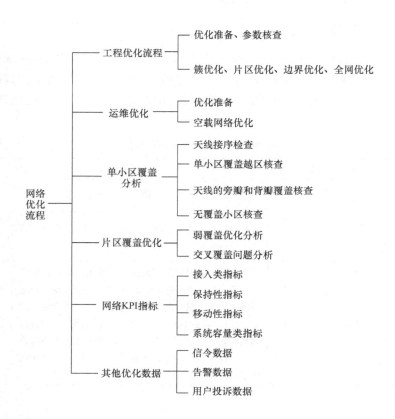

知识要点

1）LTE 无线网络优化可以分为工程优化和运维网络优化两个阶段，其工作内容有重叠部分，同时侧重点又有所不同；

2）工程优化主要分为参数核查（单站）、簇优化、片区优化、边界优化、全网优化等几个阶段；

3）运维网络优化分为空载网络优化和带负荷网络优化两类；

4）单小区覆盖优化主要进行天线接序核查、单小区越区覆盖核查、天线旁瓣/背瓣覆盖核查和无覆盖小区核查；

5）片区覆盖优化主要进行弱覆盖和交叉覆盖问题分析，RSRP 和 SINR 是影响 LTE 用户速率的重要因素；

6）在网络优化工作中除了路测数据外，信令数据、告警数据和用户投诉数据也是发现网络问题和进行问题定位分析的重要数据源。

自我测试

一、填空

1. 工程优化主要是通过＿＿＿＿、＿＿＿＿等方式，结合天线调整，邻区、频率、PCI和基本参数优化提升网络 KPI 指标的过程。

2. 工程优化的主要任务包括＿＿＿＿与＿＿＿＿。

3. TD - LTE 系统采用＿＿＿＿，对 SINR 要求高，对网络覆盖优化提出了更高的要求。

4. 网络覆盖优化主要是控制＿＿＿＿、净化＿＿＿＿、消除＿＿＿＿。

5. 工程优化的步骤和流程主要包括：优化准备、参数核查、＿＿＿＿、＿＿＿＿、边界优化和全网优化。

6. 覆盖问题可以概括为两类，分别是＿＿＿＿和＿＿＿＿。

7. 无线网络优化可以分为＿＿＿＿和＿＿＿＿两个阶段。

8. 单小区覆盖分析主要包括＿＿＿＿、＿＿＿＿、＿＿＿＿和＿＿＿＿。

9. 越区覆盖可能导致＿＿＿＿、＿＿＿＿和＿＿＿＿等问题。

二、判断

1. 参数核查阶段核查的重点参数包括频率、邻区、PCI、功率、切换/重选参数、PRACH 相关参数等。（　　　）

2. 参数核查时，在网管系统中，导出各个站点参数配置信息表，与站点规划信息表进行对比，核查规划参数和实际配置的差别。（　　　）

3. 运维优化是在完成单站业务验证与优化并且已经转交给优化团队来进行网络优化的情况下进行的网络优化工作。（　　　）

4. 无覆盖小区是指测试中没有测到信号的小区。（　　　）

5. 模三干扰主要是指下行 RS 信号之间的干扰。（　　　）

6. 模三十干扰是指上行参考信号之间的干扰。（　　　）

7. 衡量某一区域覆盖情况主要有 RSRP 和 RSRQ 两个指标。（　　）

8. 掉线率反映了系统的业务通信保持能力，也反映了系统的稳定性和可靠性。（　　）

9. RRC 连接成功率反映了小区内 UE 业务建立成功的概率，部分反映了该小区范围内用户发起的业务的感受度。（　　）

10. 反映系统无线资源利用情况，为系统是否需要扩容以及系统算法优化提供依据，通常情况下忙时 PRB 利用率不超过 75%。（　　）

三、选择

1. 下列运维网络优化数据来源中，由网络优化后台提供的是（　　）。

A. OMC 数据　　　　　　B. 信令数据　　　　　　C. 用户投诉数据

D. 告警数据　　　　　　E. DT \ CQT 测试数据

2. 下列属于运维网络优化工作内容的有（　　）。

A. 日常网络优化　　　　B. 系统网络优化　　　　C. 专题网络优化

D. 无线网络评估　　　　E. 单站验证

3. 工程优化包括以下阶段（　　）。

A. 单站优化　　　　　　B. 簇优化　　　　　　　C. 片区优化

D. 边界优化　　　　　　E. 全网优化

4. 工程优化面临的风险包括（　　）。

A. 无线环境出现外来干扰

B. 单站测试不完全导致信息缺失，影响网络优化效果

C. 部分簇内站点开通率较低，达不到簇优化效果

D. 天面调整时，物业协调困难影响网络优化效果

E. 厂家边界优化中，双方协调不利

5. DT 测试路线选择时要注意以下事项（　　）。

A. 尽可能将需要测试的区域内站点都遍历

B. 保证测试路线连续覆盖，若无法避免因为站点没有开通带来的覆盖空洞，则后续分析时需要将异常数据剔除

C. 避免在同样的路线反复测试，尽量避免回头路线

D. 选择话务量较大的地点

E. 测试点 80% 应选择在室内，20% 选择在室外，同时应该考虑地理上均匀分布

6. 在图 3-12 标出的测试点上，可能和主服务小区 PCI＝113 有模三干扰的邻区有（　　）

A. PCI＝149 的小区　　　B. PCI＝134 的小区　　　C. PCI＝147 的小区

D. PCI＝133 的小区　　　E. PCI＝446 的小区

7. 以下 PCI 同模会导致下行干扰的有（　　）。

A. 模三　　　　　　　　B. 模四　　　　　　　　C. 模六

D. 模七　　　　　　　　E. 模三十

8. LTE 为了解决深度覆盖的问题，以下哪些措施是不可取的？（　　）

A. 增加 LTE 系统带宽

B. 降低 LTE 工作频点，采用低频段组网

C. 采用分层组网

D. 采用家庭基站等新型设备

四、名称解释

DT、CQT、AMC、RSRP、SINR、越区覆盖、弱覆盖、PCI 同模干扰、RRC 接入成功率、切换成功率。

五、简答

1. 基站信息表主要有哪些内容？

2. 优化准备需要准备哪些工作？

3. 解决覆盖问题的主要手段有哪些？

4. 空载网络优化的主要任务有哪些？

5. 无线网络覆盖问题产生的原因主要有哪些？

6. 无线网络优化数据源有哪些？

六、计算

终端解出 PSS（组内 ID）对应为 1，SSS（组 ID）对应为 20，那么该小区的 PCI 是多少？分别给出一个与该小区模三/模六/模三十干扰的小区 PCI。

第4章 指标优化

目标导航

1. 掌握 PING 包测试的测试方法、时延组成;

2. 掌握 PING 流程在 Uu 接口的流程体现和影响时延的主要因素;

3. 掌握随机接入信令流程和主要参数,掌握随机接入中的冲突检测机制;

4. 掌握随机接入过程中时延的来源和分析方法,了解提升初始接入功率的常用方法;

5. 掌握随机接入后鉴权和完整性保护问题的分析方法;

6. 掌握切换的分类、信令流程、UE 侧切换消息,能够解读消息切换中的关键参数;

7. 掌握导致切换时延的 RRC 重配、PRACH 配置和 MSG1 消息等典型问题的分析思路和解决方法;

8. 掌握切换相关参数配置和在测控消息及测量报告中的体现;

9. 了解子帧配比和特殊子帧配比对速率的影响和当前中国移动的设置原则;

10. 了解物理层上下行调度算法及其特点,了解上下行数据的处理流程;

11. 了解 PDCP 层状态报告机制及其对速率的影响,了解速率问题的处理思路;

教学建议

内　　容	课时	总课时	重点	难点
4.1　PING 时延优化	2			
4.2　接入时延优化	4		√	
4.3　接入成功率优化	2			√
4.4　切换时延优化	4	20	√	
4.5　切换成功率优化	2			
4.6　掉线率优化	2			
4.7　流量优化	4		√	√

内容解读

业务建立时间和业务保持性是影响用户感知的主要因素,体现在指标系统中就是 PING 时延、接入时延、接入成功率和切换时延、切换成功率、掉线率指标,是 LTE 网络优化工作中基本的业务指标。流量优化问题涉及 LTE 的子帧配比和特殊子帧(TD-LTE)配比及 MAC 调度算法,问题比较复杂,部分问题还涉及厂家的算法实现。本章对这些常见指标类问题,结合现网(正在运行的商用网络)典型问题,分析业务流程和常见问题点。

4.1　PING 时延优化

在 LTE 里使用 PING 测试除了检测终端与 FTP 服务器是否连通以外，更重要的目的是获取 UE 到 FTP 服务器的环回时延。

由于 PING 测试的环回时延包括空口时延和传输时延两部分，当测试得到的环回时延较大，甚至不能满足运营商的 PING 包测试指标要求时，需要将 PING 时延分解成下面两部分单独进行分析：

1）无线空口时延，即 UE 和 NodeB 间的交互时延（从 UE 发送 SR 请求到 UE 收到 BBU 为 PING 请求分配的上行调度授权）。

2）传输侧交互时延（从 UE 发送 PING 请求到 UE 收到 EPC 侧的 PING 回包）。

分解为两部分统计环回时延的目的是判断时延较大的原因是由空口造成还是传输引起的。如果空口时延较大，则需要从调度算法上考虑优化，这需要版本来保证；若传输时延较长，那就是非接入层的原因，可以从基站侧 PING EPC 或 PING FTP 服务器来确认是否受到传输网络的影响，如果确认是传输的问题，可以向运营商说明原因并请对方协助解决。

4.1.1　PING 包测试方法

测试时 UE 需要找到一个理想的测试点，通常 PING 包测试中要求测试 UE 在目标小区近点即 SINR＞20 的点，为了测试出较理想的结果，应尽量找到 SINR＞25 的测试点。

UE 在 LTE 网络上注册后，在连接 UE 的 PC 上通过 CMD 命令打开控制台。

在 CMD 上通过 Windows PING 包命令 PING FTP 服务器。

PING 包命令：PING 172.25.224.44 - t

其中，172.25.224.44 为 FTP 地址，- t 表示一直 PING 直到手动输入〈Ctrl＋C〉组合键中断 PING 包命令为止。

除此以外一些常用参数如下：

① - l length 发送包含由 length 指定的数据量的 ECHO 数据包。默认为 32B，最大值是 65500B。

② - n count 发送 count 指定的 ECHO 数据包数，默认值为 4 次。

例如：PING IP 地址为 74.125.235.176 的服务器，PING 包大小为 512B，PING 次数为 10 次，命令为：PING 74.125.235.176 - l 512 - n10。结束后会给出 PING 包次数、丢包率、最小 PING 包时延、最大 PING 包时延和平均 PING 包时延，如图 4-1 所示。

测试的平均 PING 包时延结果要满足与运营商合同中的 PING 包 KPI 指标要求，不同的外场要求可能略有不同，通常是要求≤40ms。

4.1.2　PING 包流程分析

UE 的 PING 包流程主要包括七个消息，大致流程如图 4-2 所示。

```
C:\Documents and Settings\Administrator>ping 74.125.235.176 -l 512 -n 10

Pinging 74.125.235.176 with 512 bytes of data:

Reply from 74.125.235.176: bytes=512 time=24ms TTL=53
Reply from 74.125.235.176: bytes=512 time=24ms TTL=53
Reply from 74.125.235.176: bytes=512 time=24ms TTL=53
Reply from 74.125.235.176: bytes=512 time=24ms TTL=53
Reply from 74.125.235.176: bytes=512 time=26ms TTL=53
Reply from 74.125.235.176: bytes=512 time=25ms TTL=53
Reply from 74.125.235.176: bytes=512 time=24ms TTL=53
Reply from 74.125.235.176: bytes=512 time=24ms TTL=53
Reply from 74.125.235.176: bytes=512 time=26ms TTL=53
Reply from 74.125.235.176: bytes=512 time=24ms TTL=53

Ping statistics for 74.125.235.176:
    Packets: Sent = 10, Received = 10, Lost = 0 (0% loss),
Approximate round trip times in milli-seconds:
    Minimum = 24ms, Maximum = 26ms, Average = 24ms

C:\Documents and Settings\Administrator>
```

图 4-1　PING 包测试结果

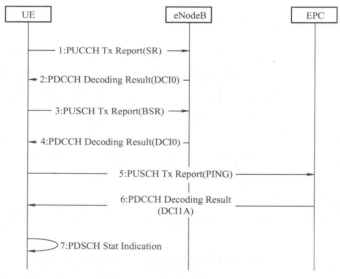

图 4-2　PING 包流程图

具体步骤如下：

步骤 1：UE 发起 PUCCH Tx Report 消息 Format＝1，携带调度请求 SR 消息给 eNodeB；

步骤 2：eNodeB 回复 PDCCH DCI0 消息；

步骤 3：UE 发起 PUSCH Tx Report 消息，携带 BSR 消息给 eNodeB。消息中可看见 PING 包请求大小 PUSCH TB Size（B）＝32（默认值为 32B）；

步骤 4：eNodeB 回复 PDCCH DCI0 消息；

步骤 5：UE 发起 PUSCH Tx Report 消息，携带 PING 包请求，再加上包头等信息后实际包大小 PUSCH TB Size（B）＝161；

步骤 6：eNodeB 回复 PDCCH DCI1A 消息携带 PING 包结果；

步骤 7：LTE PDSCH Stat Indication 是高通终端自己内部消息，不发给 eNodeB，CRC Result＝Pass 表示 PING 包正常。

高通工具解码的 PING 包流程消息流如图 4-3 所示。

```
2011 Nov 4 01:43:46.657    0xB196    Reserved
2011 Nov 4 01:43:46.657    0xB179    LTE ML1 Connected Mode LTE Intra-Freq Meas Results
2011 Nov 4 01:43:46.673    0xB114    LTE LL1 Serving Cell Frame Timing
2011 Nov 4 01:43:46.679    0xB13C    LTE LL1 PUCCH Tx Report
2011 Nov 4 01:43:46.680    0xB12A    LTE LL1 PCFICH Decoding Results
2011 Nov 4 01:43:46.681    0xB16F    LTE PUCCH Power Control
2011 Nov 4 01:43:46.687    0xB130    LTE LL1 PDCCH Decoding Result
2011 Nov 4 01:43:46.694    0xB114    LTE LL1 Serving Cell Frame Timing
2011 Nov 4 01:43:46.697    0xB130    LTE LL1 PDCCH Decoding Result
2011 Nov 4 01:43:46.699    0xB193    LTE ML1 Idle Serving Cell Meas Response
2011 Nov 4 01:43:46.699    0xB139    LTE LL1 PUSCH Tx Report
2011 Nov 4 01:43:46.704    0xB195    LTE ML1 Connected Neighbor Meas Request/Response
2011 Nov 4 01:43:46.704    0xB196    Reserved
2011 Nov 4 01:43:46.705    0xB12A    LTE LL1 PCFICH Decoding Results
2011 Nov 4 01:43:46.715    0xB114    LTE LL1 Serving Cell Frame Timing
2011 Nov 4 01:43:46.719    0xB139    LTE LL1 PUSCH Tx Report
2011 Nov 4 01:43:46.719    0xB13C    LTE LL1 PUCCH Tx Report
2011 Nov 4 01:43:46.728    0xB126    LTE LL1 PDSCH Demapper Configuration
2011 Nov 4 01:43:46.728    0xB130    LTE LL1 PDCCH Decoding Result
2011 Nov 4 01:43:46.730    0xB12A    LTE LL1 PCFICH Decoding Results
2011 Nov 4 01:43:46.730    0xB12C    LTE LL1 PHICH Decoding Results
2011 Nov 4 01:43:46.736    0xB114    LTE LL1 Serving Cell Frame Timing
2011 Nov 4 01:43:46.739    0xB193    LTE ML1 Idle Serving Cell Meas Response
```

图 4-3　PING 包流程消息流

以某地 PING 包时延测试 LOG 分析为例，PING 包流程各环节时延见表 4-1（统计 50 次 PING 包 LOG，这里只记录了 10 次）。

表 4-1　PING 包时延统计

分段时延 ＼ 测试次数	1 次时延/ms	2 次时延/ms	3 次时延/ms	4 次时延/ms	5 次时延/ms	6 次时延/ms	7 次时延/ms	8 次时延/ms	9 次时延/ms	10 次时延/ms
PUCCH（SR）– PDCCH（DCI0）	11	11	11	11	11	11	11	11	11	11
PDCCH（DCI0）– PUSCH（BSR）	4	4	4	4	4	4	4	4	4	4
PUSCH（BSR）– PDCCH（DCI0）	6	6	6	6	6	6	6	6	6	6
PDCCH（DCI0）– PUSCH（PING）	4	4	4	4	4	4	4	4	4	4
PUSCH（PING）– PDCCH（1A）	26	26	26	26	26	26	26	26	26	26
SUM	51	51	51	51	51	51	51	51	51	51

从表 4-1 中可以看出，该地 PING 包时延比较稳定，没有变化。但由于该处的传输侧时延较大，要 26ms，再加上前面 4 个环节所需的最小 PING 包时延 25ms，总时延达到 51ms。要注意这里的 51ms 只是 UE 侧从发 SR 请求到收到 EPC 回包消息的时间。实际测试中由于是通过 PC 的 PING 包命令来执行，所以要加上 UE PING 包前后系统处理的时间。所以实际得到的结果要比 UE 侧通过信令算出的时间多出 20ms 左右，具体时长根据不同的计算机每次 PING 都有所不同，无法精确确定。

4.1.3　PING 包案例分析

1. 故障现象

UE 在非 PING 包时间有突发的 PUCCH Tx Report 消息进行 SR 请求。

2. 排查方法

1）参考"4.1.2　PING 包流程分析"排查 PING 包流程的前三步。

2）进一步分析 PING 测试 LOG，发现有非期望的 SR 出现，如图 4-4 所示。

1087	2011 Nov 4 01:43:50.399	0xB13C	LTE LL1 PUCCH Tx Report
1096	2011 Nov 4 01:43:50.439	0xB13C	LTE LL1 PUCCH Tx Report
1097	2011 Nov 4 01:43:50.447	0xB130	LTE LL1 PDCCH Decoding Result
1100	2011 Nov 4 01:43:50.457	0xB130	LTE LL1 PDCCH Decoding Result
1102	2011 Nov 4 01:43:50.459	0xB139	LTE LL1 PUSCH Tx Report
1106	2011 Nov 4 01:43:50.479	0xB139	LTE LL1 PUSCH Tx Report
1107	2011 Nov 4 01:43:50.479	0xB13C	LTE LL1 PUCCH Tx Report
1117	2011 Nov 4 01:43:50.519	0xB13C	LTE LL1 PUCCH Tx Report
1125	2011 Nov 4 01:43:50.559	0xB13C	LTE LL1 PUCCH Tx Report
1131	2011 Nov 4 01:43:50.599	0xB13C	LTE LL1 PUCCH Tx Report
1141	2011 Nov 4 01:43:50.639	0xB13C	LTE LL1 PUCCH Tx Report
1150	2011 Nov 4 01:43:50.679	0xB13C	LTE LL1 PUCCH Tx Report
1155	2011 Nov 4 01:43:50.687	0xB130	LTE LL1 PDCCH Decoding Result
1156	2011 Nov 4 01:43:50.697	0xB130	LTE LL1 PDCCH Decoding Result
1158	2011 Nov 4 01:43:50.699	0xB139	LTE LL1 PUSCH Tx Report
1163	2011 Nov 4 01:43:50.719	0xB139	LTE LL1 PUSCH Tx Report
1164	2011 Nov 4 01:43:50.719	0xB13C	LTE LL1 PUCCH Tx Report
1167	2011 Nov 4 01:43:50.727	0xB130	LTE LL1 PDCCH Decoding Result
1172	2011 Nov 4 01:43:50.739	0xB13C	LTE LL1 PUCCH Tx Report
1177	2011 Nov 4 01:43:50.759	0xB13C	LTE LL1 PUCCH Tx Report
1184	2011 Nov 4 01:43:50.799	0xB13C	LTE LL1 PUCCH Tx Report
1194	2011 Nov 4 01:43:50.839	0xB13C	LTE LL1 PUCCH Tx Report
1200	2011 Nov 4 01:43:50.870	0xB173	LTE PDSCH Stat Indication
1202	2011 Nov 4 01:43:50.879	0xB13C	LTE LL1 PUCCH Tx Report

图 4-4　PUCCH Tx Report 消息

由于 PING 包时间间隔 1s，而上一次的 PING 包是在 316/6 帧发出，所以正常 PING 包的 SR 请求应该是在 1150（SFN/SF＝416/6）行的 PUCCH 发出到 1200 行结束。但 1096 行 UE 在正常的 SR 请求前 240ms（392/6 帧）发出一个 SR 的 PUCCH 消息。

这次的流程只走到 PUSCH（1106 行，见图 4-4），PING 包消息发给基站后没有收到基站回复的 PDCCH PING 包响应。一直到第 1150 行又发起一个正常的 SR 请求（此次 SR 请求和上次 SR 请求正好间隔 1s）。

图 4-5 是 PUSCH PING 包命令，红色方框部分 161 是 PING 包 32B 加上包头的大小。

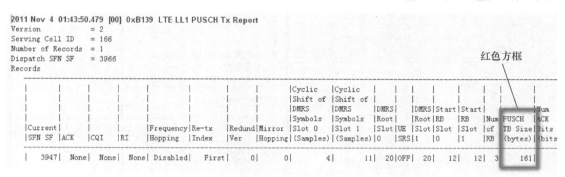

图 4-5　PUSCH Tx Report 消息解析

3. 解决方法及验证

UE 在非 PING 包时间自己发送上行 SR 请求，此场景下 PING 包时延统计工具会误计入时延。这种情况很有可能是由于计算机系统"不干净"，里面有程序在联网，发送上行消息或者基站有下行数据到达，这时需要换一台"干净"的计算机（必要时要考虑重装系统），保证计算机里没有需要上网的程序再进行测试。

4.2　接入时延优化

在 TD‐LTE 系统中，处于 IDLE 状态的 UE 高层发起 Attach Request 或 Service Request 触发物理层初始随机接入，建立 RRC 连接，再通过初始直传建立传输 NAS 消息的信令连接，最后建立 ERAB 的过程称为接入过程。

4.2.1　接入信令流程

初始接入信令流程如图 4-6 所示。

其中：

消息 1～5：随机接入过程，建立 RRC 连接；

消息 6～9：初始直传建立 S1 连接，完成这些过程即标志着 NAS signalling connection 建立完成，见 3GPP 协议 24.301；

消息 10～12：UE Capability Enquiry 过程；

消息 13～14：安全模式控制过程；

消息 15～17：ERAB 建立过程。

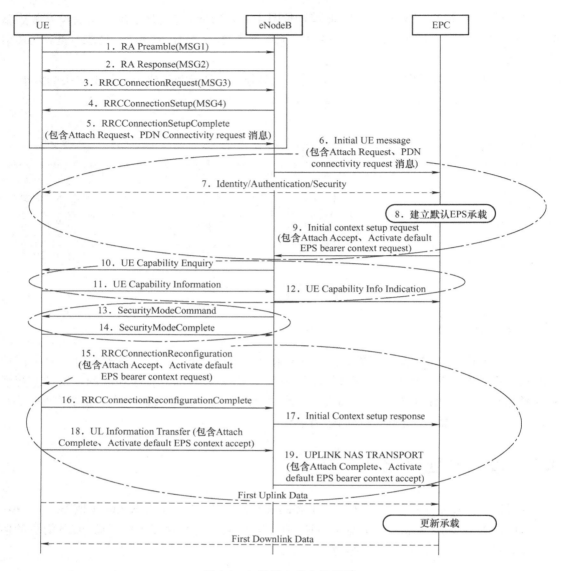

图 4-6　初始接入信令流程图

4.2.2　随机接入问题分析

随机接入是 UE 开始与网络通信之前的接入过程，由 UE 向系统请求接入，收到系统的响应并分配随机接入信道的过程。随机接入的目的是建立和网络上行同步关系以及请求网络分配给 UE 专用资源，进行正常的业务传输。

在 LTE 系统中，如下场景会触发随机接入流程：

1）初始 RRC 连接建立，当 UE 从空闲态转到连接态时，UE 会发起随机接入。

2）RRC 连接重建，当无线连接失败后，UE 需要重新建立 RRC 连接时，UE 会发起随机接入。

3）当 UE 进行切换时，UE 会在目标小区发起随机接入。

4）下行数据到达，当 UE 处于连接态时，eNodeB 有下行数据需要传输给 UE，却发现 UE 上行失步（eNodeB 侧维护一个上行定时器，如果上行定时器超时，eNodeB 没有收到 UE 的 sounding 信号，则 eNodeB 认为 UE 上行失步），eNodeB 将控制 UE 发起随机接入。

5）上行数据到达，当 UE 处于连接态时，UE 有上行数据需要传输给 eNodeB，却发现自己处于上行失步状态（UE 侧维护一个上行定时器，如果上行定时器超时，UE 没有收到 eNodeB 调整它的命令，则 UE 认为自己上行失步），UE 将发起随机接入。

在 LTE 系统中，随机接入过程直接影响接入时延，以下着重介绍 PRACH 相关信元的查看。

随机接入开始之前需要对接入参数进行初始化，此时物理层接收来自高层的参数、随机接入信道的参数以及产生前导序列的参数，UE 通过广播信息获取 PRACH 的基本配置信息。

RACH 所需的信息在 SIB2 的公共无线资源配置信息（Radio Resource Config Common）发送，如图 4-7 和图 4-8 所示。

图 4-7　SIB2 rach _ Config

图 4-8　SIB2 Prach _ Config

主要包含以下参数信息：

1）基于竞争的随机接入前导码个数是 60，即可用前导码个数是 60。

2）Group A 中前导签名个数是 56，即中心用户可用前导个数是 56。

3）PRACH 的功率攀升步长 POWER _ RAMP _ STEP＝2dB。

4）PRACH 初始前导码目标接收功率 Preamble _ Initial _ Received _ Target _ Power：
－110dBm；基站侧期望接收到的 PRACH 功率。

5）PRACH 前导码重传的最大次数 Preamble _ Trans _ Max＝8。

6）随机接入响应窗口 RA - Response Window Size 索引值 7，范围｛2、3、4、5、6、7、8、10｝，索引值 7 对应 10sf，即 UE 发送 Msg1 后，等待 Msg2 的时间最长为 10ms，超时后重发 Msg1。

7）MAC 冲突解决定时器 MAC Contention Resolution Timer：索引值 7，范围｛2、3、4、5、6、7、8、10｝，索引值 7 对应 64sf，即 UE 发送 Msg3 后，等待 Msg4 的时间最长为 64ms，超时后随机接入失败。

8）MSG3 HARQ 的最大发送次数：maxHARQ _ Msg3Tx＝3，即 UE 发送 Msg3 后，如果没有收到 ACK，UE 将重发 Msg3，同时重启 MAC 冲突解决定时器（MAC Contention Resolution Timer）。

9）逻辑根序列索引 Root Sequence Index＝80，该参数为规划参数。

10）随机接入前导码的发送配置索引 Prach Config Index＝6；

11）循环移位的索引参数 ZeroCorrelationZoneconfig＝4。

4.2.3　传输时延分析

当前 EPC 网元多部署在省会城市，eNodeB 和核心网之间经历了复杂的传输系统，信令在传输系统上的时延也是不容忽视的。传输时延测试方法如下：

　　1）在维护终端上，使用 telnet 命令登录到 CC 单板，输入 "telnet eNodeB IP"；

　　2）输入 "/ushell" 命令；

　　3）输入用户名 "zte"；

　　4）输入密码：＊＊＊（具体密码要向研发工程师咨询）；

　　5）用 brsping 命令来检测 eNodeB 和 EPC 网元间的时延。

brsping DestIP , count $[1-10000]$, *size* $[36-3976]$, *SrcIP*

各个参数含义如下，这里以 brsping "1.1.1.1"，10，36，"2.2.2.2" 为例说明：

　　① DestIP：目的端 IP，如上面的 "1.1.1.1"，实际操作时可以通过 ShowSctpBrsCfg 偶联 ID、ShowIpBrsCfg 两个命令获取到对端 IP、网关 IP；

　　② count：PING 包个数；

　　③ size：PING 包大小，可以根据 ShowSctpAssocTcb 偶联 ID，获取到 PMTU 值作为 size 大小；

　　④ SrcIP：源 IP，如上面的 "2.2.2.2"，实际操作时可以通过 ShowSctpBrsCfg 偶联 ID、ShowIpBrsCfg 两个命令获取到本端源 IP。

命令执行结果示例：

```
$$ brsping" 10. 100. 70. 250"，20，1400," 10. 100. 70. 123"
[693]
[   begin to excel fun: brsping      ]
value= 0（0x0）
[   end to excel fun: brsping      ]
send ping seq：1...
$$
[693]
PING===> reply from 10. 100. 70. 250 packetsize= 1400 time= 2ms.
[693]
send ping seq：2...
[693]
PING===> reply from 10. 100. 70. 250 packetsize= 1400 time= 2ms.
[693]
send ping seq：3...
[693]
PING===> reply from 10. 100. 70. 250 packetsize= 1400 time= 2ms.
[693]
send ping seq：4...
[693]
PING===> reply from 10. 100. 70. 250 packetsize= 1400 time= 2ms.
[693]
send ping seq：5...
...
```

4.2.4 接入时延案例分析

1. 故障现象

某地测试中接入时延远大于标杆值，具体数据见表 4-2。

表 4-2 测试时延值对比

LOG 日志	呼叫次数	最大时延/ms	最小时延/ms	平均时延/ms
现场测试数据	82	1069	410	564.8
标杆测试数据	56	830	282	392.6

2. 排查方法

为了定位时延问题的原因，将 CXT 采集的诊断信令分为三个阶段：

1）RRC 连接阶段，记为 T1；

2）与核心网交互阶段，记为 T2；

3）RRC 重配阶段，记为 T3。

T1 到 T3 时间段包含的信令说明见表 4-3。

表 4-3 时延分段列表

T1	From RrcConnectionRequest	RRC 连接阶段
	Until RrcConnectionSetupComplete	
T2	UlInformationTransfer UeCapabilityInformation	与核心网交互阶段
	SecurityModeComplete	
T3	From RrcConnectionReconfiguration	RRC 重配阶段
	Until RrcConnectionReconfigurationComplete	

分段后的数据和标杆数据统计对比见表 4-4。

表 4-4 测试时延分段对比

UE 侧	接入次数	T1/ms	T2/ms	T3/ms	合计时延/ms
现场测试	84	68.2	492.3	4.35	564.8
标杆测试	56	37.4	351.6	3.6	392.6

通过对比，现场的 RRC 建立过程时延要比标杆多出 30ms，和核心网信令交互的阶段时延相差 140ms，总计多出 170ms 的接入时延。

1）RRC 连接阶段，从 RrcConnectionRequest 到 RrcConnectionSetupComplete。

UE 侧的时延受 MSG1 的影响很大，多发一次 Msg1，时延就多 20ms，受 MSG1 重发影响，该段的接入时延均值为 68.2ms，而标杆测试中的数据很少有 Msg1 重发，平均时延为 37.4ms。

2）与核心网交互阶段，从 RrcConnectionSetupComplete 到 RrcConnectionReconfiguration。

现场基站侧为 520.4ms 左右，其中 S1 口时延占 68%，UE 侧的时延是 492.3ms；而标杆数据的基站侧时延无统计结果，UE 侧时延只有 351.6ms，差距为 140ms。

3）RRC 连接重配阶段，从 RrcConnectionReconfiguration 到 RrcConnectionReconfigurationComplete。

该过程时延比较稳定，时延为 4.35ms 左右，标杆测试的该段平均时延为 3.6ms，两者差异较小。

由以上分析可知，时延主要在于 MSG1 重发和 S1 口传输时延。MSG1 重发问题可以通过修改解调门限来解决，S1 口传输时延需要协调传输侧处理。

3. 解决方法及验证

将 PRACH Absolute Preamble Threshold for Enode B Detecting Preamble 参数进行修改，将该值从 2000 改到 50，修改前后对比见表 4-5。

表 4-5　修改前后时延分段对比

LOG 日期	接入次数	T1/ms	T2/ms	T3/ms	合计时延/ms	备　注
11 月 29 日	56	37.4	351.6	3.6	392.6	标杆测试
11 月 29 日	84	68.2	492.3	4.35	564.8	现场优化前
12 月 02 日	183	42.35	414.6	4.47	461.4	现场优化后

4. 案例总结

接入时延问题的分析和定位主要来自测试数据的统计和详细信令的分析。可以运用 Excel 分段筛选出需要分析的关键信令，计算出每段的时延情况。建议信令分段方法如下：

1）RRC 建立过程；

2）与核心网交互的初始直传和安全模式控制过程；

3）RRC 重配建立 ERAB 的过程。

在第 1 阶段中需要注意 MSG1 是否有重发，每次重发的间隔情况，MSG1 消息的内容是否正确，终端发射功率是否正常，UE 是否收到 MSG2，需要查看 PDCCH 的调度，对应的 PDSCH 是否收到，CRC 通过情况，MCS 的调度情况以及 MSG2 解调正确与否；在第 2 阶段中包含有和核心网的信令交互，需要考虑和核心网之间传输的时延。

4.3　接入成功率优化

在 LTE 网络中接入失败主要出现在随机接入流程，对接入失败问题的分析和研究也主要集中在随机接入阶段。

4.3.1　初始接入功率控制

1. PRACH 的功率控制

$$P_{prach} = \min(P_{max}, PL + P_{o\_pre} + \Delta_{preamble} + (N_{pre} - 1) * dP\_rampup)$$

1）P_{o_pre} 为目标接收功率；

2）$\Delta_{preamble}$ 为不同 Preamble 类型功率需求的偏差；

3）N_{pre} 为 Preamble 发送次数；

4）dP_rampup 为功率递增的步长。

2. PUSCH 的功率控制

$$P_{PUSCH}(i)=\min\{P_{CMAX},10\lg(M_{PUSCH}(i))+P_{O\_PUSCH}(j)+\alpha(j)\cdot PL+\Delta_{TF}(i)+f(i)\}[dBm]$$

1) P_{CMAX} 是配置的 UE 的发射功率；

2) $M_{PUSCH}(i)$ 是第 i 个子帧 PUSCH 要发送的带宽；

3) $P_{O\_PUSCH}(j)=P_{O\_NOMINAL\_PUSCH}(j)+P_{O\_UE\_PUSCH}(j)$，其中 $P_{O\_NOMINAL\_PUSCH}(j)$ 是和小区相关的部分，$P_{O\_UE\_PUSCH}(j)$ 是和 UE 相关的部分。j 可以取值 0、1 和 2，含义如下：

① $j=0$，表示半持久（SPS）调度的功率控制；

② $j=1$，表示动态调度的功率控制；

③ $j=2$，表示 MSG3 的功率控制。

MSG3 的发射功率计算如下：

$$P_{O\_PUSCH}(2)=P_{O\_NOMIMAL\_PUSCH}(2)+P_{O\_UE\_PUSCH}(2)$$

$$\begin{cases} P_{O\_NOMINAL\_PUSCH}(2)=P_{O\_PRE}+\Delta_{PREAMBLE\_MSG3} \\ P_{O\_UE\_PUSCH}(2)=0 \end{cases}$$

P_{O_PRE} 为 Prach 的目标接收功率，$\Delta_{PREAMBLE\_MSG3}$ 是 MSG3 相对于 PRACH 前导码格式的功率补偿值；

4) $\alpha(j)$ 是路径损耗弥补因子，j 取值为 0、1 时，$\alpha\in\{0,0.4,0.5,0.6,0.7,0.8,0.9,1\}$，由高层信令通知；$j$ 取值为 2 时，$\alpha(j)=1$，表示 MSG3 路损全补偿。PL 是 UE 计算的路径损耗；

5) $\Delta_{TF}(i)$ 是一个与 MCS 相关的功率偏移；

6) $f(i)$ 是闭环功率控制命令。

4.3.2 接入失败分析思路

接通率优化的思路遵循以下方式：

1) 通过话务统计分析是否出现接入成功率低的问题，根据运营商对接入成功率指标的要求启动问题定位或专题优化；

2) 通过对话统的原始数据进行分析，查出问题出现最多的 TOP 站点和 TOP 时间段；

3) 针对 TOP 站点进行网管信令跟踪、LMT 跟踪和告警检查等；

4) 如果网管信令和 LMT 跟踪仍然无法定位问题，则进行针对性的路测，在测试中复现问题，采集前后台 LOG，请相关开发人员协助定位。

当获取接入问题的 TOP 小区和 TOP 时段后，通过网管信令跟踪、LMT 跟踪和告警检查等方法首先排查是否存在设备异常、组网配置问题。

1. 排查小区状态

1) 检查各单板状态、RRU 是否正常，小区状态是否为可用。

2) 查看小区是否存在告警，进行告警分析；手动恢复告警后查看告警是否存在；上报问题。

2. 排查 UE、小区、核心网组网配置、对接参数是否正常（常见于实验网阶段）

1) 检查 UE 的频点配置是否与 eNodeB 一致，检查 UE 的 PLMN 与 eNodeB 配置的 PLMN 是否一致，如果频点、PLMN 配置不正确，则 UE 进行小区搜索失败。

2）检查核心网是否有开户信息。测试的 IMSI 没开户，表现为用户完成随机接入，上行直传消息后核心网立即回"S1AP ＿ DL ＿ CONTEXT ＿ REL ＿ CMD"，释放 UE。

3）检查 SCTP 链路状态是否 OK，如果异常，需要检查 eNodeB 与 MME 连接的网线是否插好，端口是否与配置的 SCTP 端口号一致，是否与 MME 正常通信；检查 S1 接口状态是否正常，S1 接口是否处于闭塞状态，寻求设备侧同事的帮助和研发人员的指导。

4）检查安全模式配置。UE 和核心网需要共同开启或关闭鉴权，并且按照运营商提供的"LTE USIM 卡参数建议"配置 C 值和 R 值。eNodeB 和核心网需要共同开启或关闭完整性保护算法和加密算法，并且保证配置的算法一致。

5）检查 IPPATH。基站在完成安全模式控制和 UE 能力查询后，将申请准备 GTPU 资源，如果资源准备失败会向核心网返回导致上下文建立失败的响应消息：INIT ＿ CONTEXT ＿ SETUP ＿ FAIL，携带的原因值为：transport resource unavailable。在这种情况下，需要在网管上查看 IPPACH 配置是否正确，并且确认核心网在初始上下文建立请求中携带的 IPPATH 值是否与 eNodeB 一致。

在上述基本检查皆未发现问题时，考虑进行路测，跟踪前、后台信令，进一步从空口无线环境对指标的影响角度进行问题的分析和解决。

根据初始接入的前台信令流程，从 UE 发起 Attach 请求开始，将 UE 接入过程分解为三个阶段：RRC 建立过程、初始直传和安全模式控制、ERAB 建立过程。

目前 ERAB 建立较少有失败的现象，而随机接入过程出现的问题较多，导致 RRC 连接无响应，引起起呼失败，所以解决随机接入失败问题是当前提升接通率的关键。

接通率问题分析思路如图 4-9 所示，图 4-10 给出了所有可能导致接入失败的原因。

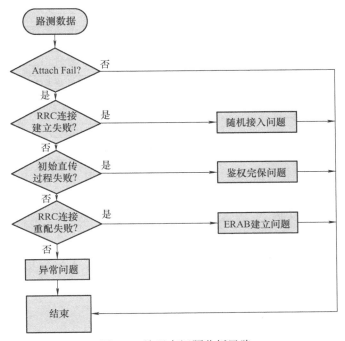

图 4-9　接通率问题分析思路

注："完保"是行业术语，指完整性保护。

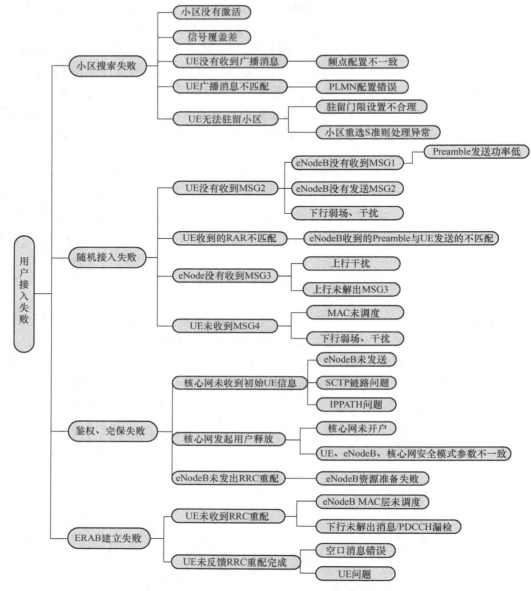

图 4-10　接入失败问题原因全貌图

4.3.3　随机接入失败分析

随机接入过程发生在以下五种场景：

1）初始 RRC 连接建立，当 UE 从空闲态转到连接态时，UE 会发起随机接入。

2）RRC 连接重建，当无线连接失败后，UE 需要重新建立 RRC 连接时，UE 会发起随机接入。

3）当 UE 进行切换时，UE 会在目标小区发起随机接入。

4）下行数据到达，当 UE 处于连接态时，eNodeB 有下行数据需要传输给 UE，却发现 UE 上行失步（eNodeB 侧维护一个上行定时器，如果上行定时器超时，eNodeB 没有收到

UE 的探测参考信号（Sounding Reference Signal），则 eNodeB 认为 UE 上行失步），eNodeB 将控制 UE 发起随机接入。

5）上行数据到达，当 UE 处于连接态时，UE 有上行数据需要传输给 eNodeB，却发现自己处于上行失步状态（UE 侧维护一个上行定时器，如果上行定时器超时，UE 没有收到 eNodeB 调整 TA 的命令，则 UE 认为自己上行失步），UE 将发起随机接入。

随机接入分为基于冲突的随机接入和基于非冲突的随机接入两种流程，其区别为针对两种流程的选择随机接入前导码（Preamble）的方式不同。

基于冲突的随机接入是 UE 依照一定算法随机选择一个基于冲突的随机接入前导码发起接入，如图 4-11 所示。

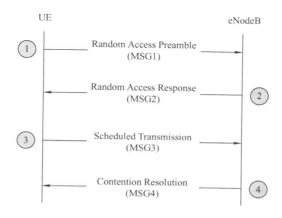

图 4-11　基于冲突的随机接入

基于冲突的随机接入成功后，UE 的 RRC 层生成 RRC Connection Setup Complete 并发往 eNodeB。

基于非冲突的随机接入是基站侧通过下行专用信令给 UE 指派非冲突的随机接入前导码，接入流程如图 4-12 所示。

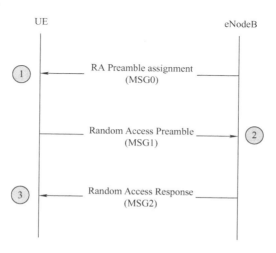

图 4-12　基于非冲突的随机接入

基于冲突的随机接入适用于上述 1)、2)、5) 三种场景，基于非冲突的随机接入适用于上述 3)、4) 两种场景。

MSG0～MSG4 的主要内容如下：

1) MSG0：eNodeB 将目标小区的接入信息通过 MobilityControl 信息发送给 UE；

2) MSG1：UE 选择随机接入前导码（Preamble），在 PRACH 上发送随机接入请求；

3) MSG2：eNodeB 的 MAC 层产生随机接入响应 RAR，并在 PDSCH 上发送；

4) MSG3：UE 的 RRC 层产生 RRC Connection Request，并开启竞争解决定时器，等待竞争解决消息；

5) MSG4：RRC Connection Setup 由 eNodeB 的 RRC 层产生，连同竞争解决控制信息映射到 PDSCH 上发送。

从前台 UE 侧角度分析竞争的随机接入失败发生在以下三个阶段：

1) MSG1 发送后是否收到 MSG2；

2) MSG3 是否发送成功；

3) MSG4 是否正确接收。

1. MSG1 发送后是否收到 MSG2

对于 MSG1 发送后是否收到 MSG2，图 4-13 给出了分析流程。

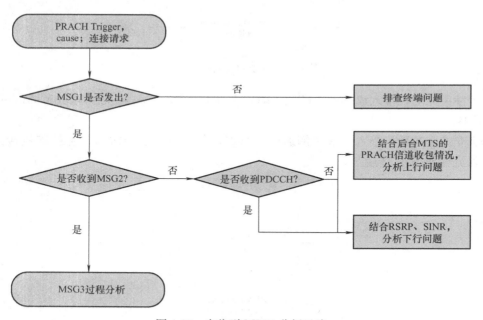

图 4-13　未收到 MSG2 分析思路

UE 发出 MSG1 后未收到 MSG2，UE 按照 PRACH 发送周期对 MSG1 进行重发。若收不到 MSG2 的 PDCCH，可分别对上行和下行进行分析：

（1）上行

1) 结合后台 MTS 的 PRACH 信道收包情况，确认上行是否收到 MSG1；

2) 检查 MTS 上行通道的接收功率是否＞-99dBm，若持续超过-99dBm，则先解决上行干扰问题，比如是否存在 GPS 失步导致的交叉时隙干扰；

3）PRACH 相关参数调整：提高 PRACH 期望接收功率，增大 PRACH 的功率攀升步长，降低 PRACH 绝对前缀的检测门限。

（2）下行

1）UE 侧收不到以 RA_RNTI 加扰的 PDCCH，检查下行信号是否满足 RSRP＞－119dBm、SINR＞－3dB，如果不满足则要通过调整工程参数、RS 功率、PCI 等改善下行覆盖问题；

2）PDCCH 相关参数调整，比如增大公共空间 CCE 聚合度初始值。

2. MSG3 是否发送成功

对于 MSG3 是否发送成功问题，图 4-14 给出了分析流程。

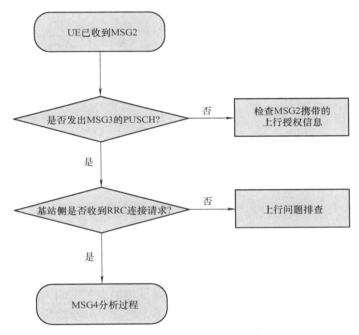

图 4-14　MSG3 问题分析思路

根据随机接入流程，UE 收到 MSG2 后若没有发出 MSG3，则检查 MSG2 带的授权信息是否正确；若 UE 已发出 MSG3 的 PUSCH，则结合基站侧信令查看 eNodeB 是否收到 RRC Connection Request。若基站侧已收到 RRC Connection Request 并发出 RRC Connection Setup 而 UE 未收到，则参考 MSG4 问题分析思路；若基站侧 RRC Connection Request 未收到，说明上行存在问题，此时需要检查以下两项：

1）检查 MTS 上行通道的接收功率是否＞－99dBm，若持续超过－99dBm，则解决上行干扰问题；

2）检查 RAR 中携带的 MSG3 功率参数是否合适，调整 MSG3 发送的功率。

3. MSG4 是否正确接收

在随机接入过程中出现 MSG4 fail，失败原因是 failure at MSG4 due to CT timer expired。CT timer 即冲突检测定时器，UE 发出 MSG3 后开启 CT timer 等待冲突解决 MSG4，若定时器到期时仍未收到 MSG4，则触发随机接入失败流程。图 4-15 给出了该问题的分析思路。

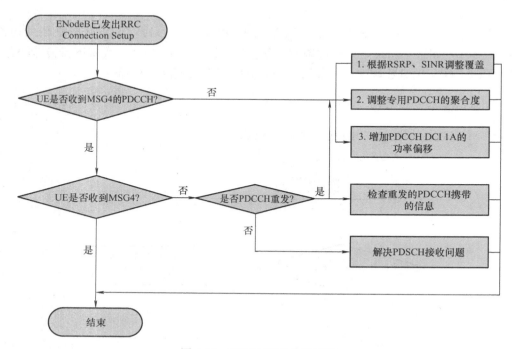

图 4-15　MSG4 问题分析思路

1）判断 UE 是否收到 PDCCH，若没有收到 PDCCH，从下行信号强度及参数两方面解决 PDCCH 接收问题；

2）多次收到 PDCCH 后未收到 PDSCH，需要检查以下两项：

① 确认收到的 PDCCH 是否为重传消息，检查重传消息的 DCI 格式填写是否正确；

② PDSCH 收不到，检查 PDSCH 采用的 MCS，检查 PA 参数配置，适当增大 PDSCH 的 RB 分配数。

4.3.4　鉴权、完整性保护问题分析

鉴权、完整性保护导致的未接通主要有以下表现：

1）eNodeB 发起 INIT_UE_MSG 后，等待核心网回复初始上下文建立请求超时，即核心网没有下发初始上下文建立请求消息，然后 eNodeB 主动发起 RRC 连接释放，造成未接通；

2）eNodeB 发起 INIT_UE_MSG 后和核心网进行 NAS 消息直传，在进行安全模式控制交互之前，收到核心网下发的 S1AP_UeContextReleaseCommandMsg 消息，随后 eNodeB 发出 RRC 连接释放；

3）eNodeB 收到核心网下发的 S1AP_InitialContextSetupReq 后，与 UE 进行模式控制交互，UE 回复 SecurityModeFailure，导致未接通。

通常这些问题都是与 UE、eNodeB、核心网的鉴权、完整性保护、加密算法配置相关，

需要多个网元配合排查。问题 1）、2）可以在核心网侧信令查看鉴权失败的原因，问题 3）可以通过空口消息的分析，检查出 SMC（Security Mode Command，安全模式控制命令）失败的原因。通过对 UE、eNodeB、核心网的鉴权、完整性保护、加密参数的调整来解决问题。

4.3.5　MSG1 多次重发案例分析

1. 问题现象

短呼测试中出现 UE 发出 Attach Request 和 RRC Connection Request 后未收到 RRC Connection Setup，造成呼叫未接通。查看路测信令，如图 4-16 所示，在 PCI＝11 的小区，8 次 MSG1 发送未收到 MSG2。

Index	Local Time	MS Time	Chann...	Message Name
29	16:54:39:656	15:54:24:625	UL CCCH	ATTACH REQ
30	16:54:39:656	15:54:24:625	UL CCCH	RRC Connection Request
31	16:54:39:656	15:54:24:625	MAC C...	MAC RACH Trigger
32	16:54:39:656	15:54:24:684	UL MAC	Msg1
33	16:54:39:656	15:54:24:704	UL MAC	Msg1
34	16:54:39:656	15:54:24:724	UL MAC	Msg1
35	16:54:39:656	15:54:24:744	UL MAC	Msg1
36	16:54:39:656	15:54:24:764	UL MAC	Msg1
37	16:54:39:656	15:54:24:784	UL MAC	Msg1
38	16:54:39:656	15:54:24:804	UL MAC	Msg1
39	16:54:39:671	15:54:24:824	UL MAC	Msg1
40	16:54:49:734	15:54:34:829	UL CCCH	ATTACH REQ
41	16:54:50:093	15:54:35:036	BCCH B...	Master Information Block
42	16:54:50:093	15:54:35:040	BCCH ...	System Information Block Type1
43	16:54:50:093	15:54:35:041	ML1 Co...	ML1 Downlink Common Configuration
44	16:54:50:093	15:54:35:115	BCCH ...	System Information

图 4-16　MSG1 多次发送未响应

此时检查后台告警，无 GPS 失锁告警，RSRP＝－91dBm，如图 4-17 所示。

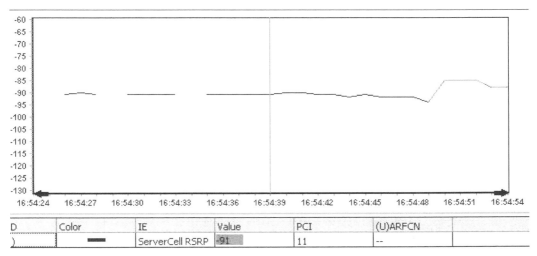

D	Color	IE	Value	PCI	(U)ARFCN
)	▬	ServerCell RSRP	-91	11	--

图 4-17　MSG1 无响应时的 RSRP

2. 问题分析

下行 RSRP 为−91dBm，接收电平良好，MSG1 发送了 8 次，均未收到 MSG2。通过降低"eNodeB 对 PRACH 的绝对前缀检测门限"，提高 PRACH 信号的检查概率，提升 MSG1 正确解调的概率。

参数：eNodeB 对 PRACH 的绝对前缀检测门限（PRACH Absolute Preamble Threshold for eNodeB Detecting Preamble）；

取值范围：1～65535；

单位：线性值；

默认值：2000。

3. 解决方法及验证

将"eNodeB 对 PRACH 的绝对前缀检测门限"从 2000 改为 50，修改后进行短呼测试，RRC Connect Success 为 100%。在小区 PCI 11，从 MSG1 发送的间隔上观察，再未出现 MSG1 重发无响应的现象，见表 4-6。

表 4-6　修改 PRACH 检测门限后的接通率

ID	KPI 指标	响应次数	尝试次数	成功率（%）
1	Random Access Success［%］	110	110	100
2	RRC Connect Success［%］	34	34	100
3	Initial Access Success［%］	31	31	100
4	ERAB Connect Success［%］	71	71	100

4. 案例总结

MSG1 多次重发无响应造成的起呼失败，在排除无 GPS 干扰的前提下，通过降低"eNodeB 对 PRACH 的绝对前缀检测门限"，提高 PRACH 检测概率，解决接通率低问题。

4.3.6　MSG4 冲突检测定时器案例分析

1. 问题现象

10 月中旬对某区域进行 50%模拟加载下的短呼性能摸底测试，路测发现前台偶尔收不到 MSG4，导致接通失败。核对 eNodeB 侧信令发现后台已经下发了 RRC 层消息 RRC Connection Setup，但是未收到 RRC Connection Setup Complete，测试数据见表 4-7。

表 4-7　短呼接通率统计

KPI 指标	响应次数	尝试次数	成功率（%）
Random Access Success［%］	412	419	98.33
RRC Connect Success［%］	198	204	97.06
Initial Access Success［%］	140	147	95.24

一共发生了 7 次随机接入失败，其中 6 次发生在起呼阶段，影响接通率指标，见表 4-8。

表 4-8 未接通呼叫分析

时 间	事 件	结 果	原 因	分 析
16：54：39：656	RandomAccess Fail	F	RRC connection 无响应	PCI＝11，后台信令已发 Setup，前台未收到
16：54：49：734	RandomAccess Fail	F	RRC connection 无响应	PCI＝11 的小区 RSRP＝－91dBm，SINR＝－9.8dB。后台信令已发 Setup，前台未收到
18：07：06：234	RandomAccess Fail	F	RRC reestablishment 无响应	PCI＝4 小区到 PCI＝46 的小区切换失败，在 PCI＝34 的小区进行 RRC 连接重建，SINR＝－11.6dB，未收到 RRC 连接重建
18：13：06：328	RandomAccess Fail	F	RRC connection 无响应	PCI＝38 小区没收到 RRC 连接建立。后台发 Setup，1s 后 RRC Release
18：13：16：640	RandomAccess Fail	F	RRC connection 无响应	PCI＝38 小区没收到 RRC 连接建立。后台发 Setup，1s 后 RRC Release
18：14：24：453	RandomAccess Fail	F	RRC connection 无响应	PCI＝46 小区没收到 RRC 连接建立。SINR＝－15.6dB，RSRP＝－99dBm。后台发 Setup，1s 后 RRC Release
18：14：34：687	RandomAccess Fail	F	RRC connection 无响应	PCI＝46 小区没收到 RRC 连接建立。后台发 Setup，1s 后 RRC release

2. 问题分析

通过大量短呼测试，RRC 连接无响应均为 MSG4 Fail，失败原因：failure at MSG4 due to CT timer expired，如图 4-18 和图 4-19 所示。

```
2011 Oct 26 02:14:06.265 [00] 0xB16A  LTE Contention Resolution Message (MSG4) Report
    Version              = 1
    SFN                  = 0
    Sub-fn               = 15
    Contention Result    = Fail
    UL ACK Timing SFN    = 0
    UL ACK Timing Sub-fn = 15
```

图 4-18 MSG4 Fail（QCAT）

MSG4 CT Timer 超时主要有两种情况：

1）UE 发出 MSG3 后收到多次 PDCCH，但未收到 PDSCH；

2）UE 发出 MSG3 后未收到 PDCCH。

正常接通的信令如图 4-20 所示。

解析出的和用户标识相关的 T－CRNTI PDCCH 信道调度消息如图 4-21 所示。

```
Version = 1
Number of SubPackets = 1
SubPacket ID = 6
SubPacket - ( RACH Attempt Subpacket )
   Version = 2
   Subpacket Size = 36 bytes
   RACH Attempt :
      Retx counter = 1
      Rach result = Failure at MSG4 due to CT timer expired
      Contention procedure = Contention Based RACH procedure
      Msg1 - RACH Access Preamble[0]
         Preamble Index = 54
         Preamble index mask = Invalid
         Preamble power offset = -110 dB
```

图 4-19　MSG4 Fail cause（QCAT）

```
2011 Oct 26 07:23:38.694 0... LTE NAS EMM State
2011 Oct 26 07:23:38.694 0... LTE NAS EMM Plain OTA Outgoing Message        Attach request Msg  BS <<< MS
2011 Oct 26 07:23:38.694 0... LTE NAS EMM Security Protected Outgoing Msg
2011 Oct 26 07:23:38.695 0... LTE RRC OTA Packet                            UL_CCCH             BS <<< MS
2011 Oct 26 07:23:38.695 0... LTE MAC Rach Trigger
2011 Oct 26 07:23:38.703 0... LTE Random Access Request (MSG1) Report
2011 Oct 26 07:23:38.704 0... LTE LL1 Serving Cell Frame Timing
2011 Oct 26 07:23:38.705 0... LTE LL1 RACH Tx Report
2011 Oct 26 07:23:38.705 0... LTE LL1 Serving Cell Frame Timing
2011 Oct 26 07:23:38.710 0... LTE LL1 PDSCH Demapper Configuration
2011 Oct 26 07:23:38.710 0... LTE LL1 PDCCH Decoding Result
2011 Oct 26 07:23:38.710 0... LTE RRC OTA Packet                            BCCH_DL_SCH         BS >>> MS
2011 Oct 26 07:23:38.713 0... LTE LL1 PDSCH Demapper Configuration
2011 Oct 26 07:23:38.713 0... LTE LL1 PDCCH Decoding Result
2011 Oct 26 07:23:38.713 0... LTE Random Access Response (MSG2) Report
2011 Oct 26 07:23:38.714 0... LTE UE Identification Message (MSG3) Report
2011 Oct 26 07:23:38.716 0... LTE LL1 Serving Cell Frame Timing
2011 Oct 26 07:23:38.724 0... LTE LL1 PUSCH Tx Report
2011 Oct 26 07:23:38.736 0... LTE LL1 Serving Cell Frame Timing
2011 Oct 26 07:23:38.741 0... LTE LL1 PDSCH Demapper Configuration
2011 Oct 26 07:23:38.741 0... LTE LL1 PDCCH Decoding Result
2011 Oct 26 07:23:38.741 0... LTE Contention Resolution Message (MSG4) Report
2011 Oct 26 07:23:38.741 0... LTE MAC Rach Attempt
2011 Oct 26 07:23:38.741 0... LTE RRC OTA Packet                            DL_CCCH             BS >>> MS
2011 Oct 26 07:23:38.742 0... LTE Downlink Dedicated Configuration
2011 Oct 26 07:23:38.742 0... LTE Uplink Dedicated Configuration
2011 Oct 26 07:23:38.742 0... LTE Grant Manager Dedicated Configuration
2011 Oct 26 07:23:38.743 0... LTE MAC Configuration
2011 Oct 26 07:23:38.743 0... LTE RLC DL Config Log packet
2011 Oct 26 07:23:38.744 0... LTE RLC UL Config Log packet
2011 Oct 26 07:23:38.744 0... LTE PDCP DL Config
2011 Oct 26 07:23:38.744 0... LTE PDCP UL Config
2011 Oct 26 07:23:38.744 0... LTE RRC OTA Packet                            UL_DCCH             BS <<< MS
```

```
2011 Oct 26 07:23:38.744 [00] 0xB0C0 LTE RRC
Pkt Version = 2
RRC Release Number.Major.minor = 9.5.0
Radio Bearer ID = 1, Physical Cell ID = 25
Freq = 40340
SysFrameNum = N/A, SubFrameNum = 0
PDU Number = UL_DCCH Message,    Msg Length

Interpreted PDU:

value UL-DCCH-Message ::=
{
  message c1 : rrcConnectionSetupComplete :
    {
      rrc-TransactionIdentifier 1,
      criticalExtensions c1 : rrcConnectic
        {
          selectedPLMN-Identity 1,
          registeredMME
          {
            mmegi '11100010 00000000'B,
            mmec '00000001'B
          },
          dedicatedInfoNAS '175089925A0C
        }
    }
}
```

图 4-20　正常起呼随机接入过程（QCAT）

```
2011 Oct 26 07:23:38.741 [00] 0xB130 LTE LL1 PDCCH Decoding Result
Version              = 3
Sub-frame Number     = 6
System Frame Number  = 967
Number of Hypothesis = 1
Hypothesis
-------------------------------------------------------------------------------------------------------------------------
| |                  |           |         |Search|      |             |     |       |     |              |       |Symbol
| |                  |Aggregation|         |Space |DCI   |             |Start|Payload|Tail |              |Energy |Mismatch
|#|Payload           |Level      |Candidate|Type  |Format|Decode Status|CCE  |Size   |Match|Prune Status  |Metric |Count
-------------------------------------------------------------------------------------------------------------------------
| 0|0x8BE8000800000000|      Agg2|        0|  User|    1A|     T_C_RNTI|   52|     47|Match| SUCCESS_DCI1A|   2543|     9
```

图 4-21　正常起呼 PDCCH DECODING RESULT（QCAT）

解析出的和用户标识相关的 T－CRNTI/CRNTI PDSCH 信道信息如图 4-22 所示。

```
2011 Oct 26 07:23:38.934 [00] 0xB173 LTE PDSCH Stat Indication
Version      = 3
Num Records  = 9
Records
 -------------------------------------------------------------------------------
 |   |        |     |    |Num     |Transport Blocks          |       |Discarded|        |        |    |
 |   |        |     |    |Transport|                         |       |         |        |        |    |
 |   |Subframe|Frame|Num|Num|Blocks|HARQ|  |CRC  |      |TB|reTx    |Did      |TB Size|    |
 |#  |Num     |Num |RBs|Layers|Present|ID|RV|NDI|Result|RNTI Type|Index|Present|Recombining|(bytes)|MCS|
 -------------------------------------------------------------------------------
 | 0|      5| 960| 7|   2|     1| 0| 0|  0| Pass|    SI|    0| None|    No|  25|  6|
 | 1|      0| 962|16|   2|     1| 1| 0|  0| Pass|    SI|    0| None|    No|  45| 13|
 | 2|      5| 964| 7|   2|     1| 0| 0|  0| Pass|    SI|    0| None|    No|  25|  6|
 | 3|      8| 964| 3|   2|     1| 0| 0|  0| Pass|    RA|    0| None|    No|  10|  0|
 | 4|      6| 967|16|   2|     1| 0| 0|  0| Pass|Temp-C|    0| None|    No|  44|  0|
 | 5|      9| 968|16|   2|     1| 0| 2|  0| Fail|     C|    0| Present| No|  44| 29|
 | 6|      1| 970|16|   2|     1| 0| 3|  0| Fail|     C|    0| Present| No|  44| 29|
 | 7|      4| 971|16|   2|     1| 0| 1|  0| Fail|     C|    0| Present| No|  44| 29|
 | 8|      3| 973| 3|   2|     1| 0| 0|  1| Pass|     C|    0| None|    No|  10|  0|
```

图 4-22　正常起呼 PDSCH 统计（QCAT）

选取测试中一次 MSG4 超时信令进行分析：

前台 Time：07：19：32.621，cell：PCI 28，MSG4 CT 定时器超时，RSRP：－88.25dBm，SINR：－4.9dB，如图 4-23 所示。

```
2011 Oct 26 07:19:32.452  0xB0C0  LTE RRC OTA Packet                              UL_CCCH        BS <<< MS
2011 Oct 26 07:19:32.453  0xB061  LTE MAC Rach Trigger
2011 Oct 26 07:19:32.513  0xB167  LTE Random Access Request (MSG1) Report
2011 Oct 26 07:19:32.529  0xB062  LTE MAC Rach Attempt
2011 Oct 26 07:19:32.533  0xB167  LTE Random Access Request (MSG1) Report
2011 Oct 26 07:19:32.549  0xB062  LTE MAC Rach Attempt
2011 Oct 26 07:19:32.553  0xB167  LTE Random Access Request (MSG1) Report
2011 Oct 26 07:19:32.563  0xB130  LTE LL1 PDCCH Decoding Result
2011 Oct 26 07:19:32.564  0xB168  LTE Random Access Response (MSG2) Report
2011 Oct 26 07:19:32.564  0xB169  LTE UE Identification Message (MSG3) Report
2011 Oct 26 07:19:32.604  0xB130  LTE LL1 PDCCH Decoding Result
2011 Oct 26 07:19:32.616  0xB130  LTE LL1 PDCCH Decoding Result
2011 Oct 26 07:19:32.621  0xB062  LTE MAC Rach Attempt
2011 Oct 26 07:19:32.621  0xB16A  LTE Contention Resolution Message (MSG4) Report
2011 Oct 26 07:19:32.623  0xB167  LTE Random Access Request (MSG1) Report
2011 Oct 26 07:19:32.633  0xB130  LTE LL1 PDCCH Decoding Result
2011 Oct 26 07:19:32.634  0xB168  LTE Random Access Response (MSG2) Report
2011 Oct 26 07:19:32.634  0xB169  LTE UE Identification Message (MSG3) Report
2011 Oct 26 07:19:32.652  0xB062  LTE MAC Rach Attempt
2011 Oct 26 07:19:32.824  0xB173  LTE PDSCH Stat Indication
2011 Oct 26 07:19:33.245  0xB193  LTE ML1 Idle Serving Cell Meas Response
```

图 4-23　多次 PDCCH 未收到 PDSCH（QCAT）

MSG3 的 SFN \ SF：879 \ 7，MSG4 第一次 PDCCH 的 SFN \ SF：882 \ 9，间隔 32ms；第二次 PDCCH 的 SFN \ SF：884 \ 1，间隔 12ms，可以看到两次 PDCCH 均正确接收。但是从 PDSCH 统计中没有看到 MSG4 的接收信息，基站侧信令显示 RRC Setup 消息已发出。解码 UE 收到的两次 PDCCH 的 payload（净荷），MCS 均为 29，说明 UE 收到的 PDCCH 均为重传，如图 4-24 和图 4-25 所示。

重传 PDCCH 的 MCS 统计见表 4-9。

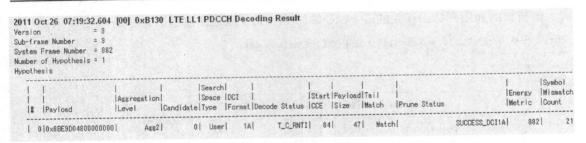

图 4-24　UE 收到第一次 PDCCH 的解码（QCAT）

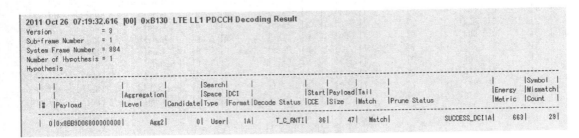

图 4-25　UE 收到第二次 PDCCH 的解码（QCAT）

表 4-9　解码重传 PDCCH 的 MCS 为 29

十六进制	DCI 格式	LVRB – DVRB	RB 分配	MCS
0x88BFD04800000000	1	0	0010001011111	11101（29）
0x8899D06800000000	1	0	0010001001100	11101（29）
0x88E9D02800000000	1	0	0010001110100	11101（29）

　　PDCCH 信道调度消息重传时 PDSCH 信道中没有与用户相关的信息（没有以该用户 Temp – CRNTI/CRNTI 加扰的 PDSCH），如图 4-26 所示。

```
☐ Hex Dump
2011 Oct 26 07:19:32.824 [00] 0xB173 LTE PDSCH Stat Indication
  Version       = 3
  Num Records   = 2
  Records

  |     |        |      |Num  |Num  |     |Num  |Transport Blocks|    |      |Discarded|      |Did         |        |   |
  |     |        |      |     |     |Transport|           |     |    |      |         |reTx  |            |TB Size |   |
  |     |Subframe|Frame |Num  |Num  |Blocks|HARQ|   |CRC  |     |TB  |Index |Present  |Recombining|(bytes)|MCS|
  |#    |Num     |Num   |RBs  |Layers|Present|ID |RV |NDI |Result|RNTI|Type |         |Present  |No     |        |   |

  | 0|      8| 878|  3|   2|    1|  0| 0|  0| Pass|   RA|  0|  None|       No|   10|  0|
  | 1|      8| 885|  3|   2|    1|  0| 0|  0| Pass|   RA|  0|  None|       No|   10|  0|
```

图 4-26　UE 未收到 PDSCH（QCAT）

　　UE 起呼在 PCI＝30 的小区，RSRP＝－91.06dBm，SINR＝－4.7dB。三次随机接入均没有收到 PDCCH，最终起呼失败。在 PDSCH 统计中也没有以 Temp – CRNTI/CRNTI 加扰的 PDSCH，说明 UE 没有收到 MSG4 的调度信息，进而收不到 MSG4，如图 4-27 和图 4-28 所示。

	Type	Description	Subtitle	Direction	Size
11:01:39.385	0xB0...	LTE RRC OTA Packet	UL_CCCH	BS <<< MS	31
11:01:39.407	0xB167	LTE Random Access Request (MSG1) Report			36
11:01:39.422	0xB062	LTE MAC Rach Attempt			52
11:01:39.427	0xB167	LTE Random Access Request (MSG1) Report			36
11:01:39.442	0xB062	LTE MAC Rach Attempt			52
11:01:39.447	0xB167	LTE Random Access Request (MSG1) Report			36
11:01:39.462	0xB062	LTE MAC Rach Attempt			52
11:01:39.467	0xB167	LTE Random Access Request (MSG1) Report			36
11:01:39.482	0xB062	LTE MAC Rach Attempt			52
11:01:39.487	0xB167	LTE Random Access Request (MSG1) Report			36
11:01:39.497	0xB168	LTE Random Access Response (MSG2) Report			24
11:01:39.497	0xB169	LTE UE Identification Message (MSG3) Report			24
11:01:39.517	0xB139	LTE LL1 PUSCH Tx Report			56
11:01:39.517	0xB173	LTE PDSCH Stat Indication			136
11:01:39.571	0xB062	LTE MAC Rach Attempt			52
11:01:39.571	0xB1...	LTE Contention Resolution Message (MSG4) Report			20
11:01:39.584	0xB0...	LTE RRC OTA Packet	BCCH_DL_SCH	BS >>> MS	47
11:01:39.585	0xB062	LTE MAC Rach Attempt			52
11:01:39.740	0xB0...	LTE RRC OTA Packet	UL_CCCH	BS <<< MS	31
11:01:39.747	0xB167	LTE Random Access Request (MSG1) Report			36
11:01:39.762	0xB062	LTE MAC Rach Attempt			52
11:01:39.767	0xB167	LTE Random Access Request (MSG1) Report			36
11:01:39.778	0xB168	LTE Random Access Response (MSG2) Report			24
11:01:39.779	0xB169	LTE UE Identification Message (MSG3) Report			24
11:01:39.797	0xB139	LTE LL1 PUSCH Tx Report			56
11:01:39.817	0xB173	LTE PDSCH Stat Indication			112
11:01:39.851	0xB062	LTE MAC Rach Attempt			52
11:01:39.851	0xB1...	LTE Contention Resolution Message (MSG4) Report			20
11:01:39.867	0xB167	LTE Random Access Request (MSG1) Report			36
11:01:39.878	0xB168	LTE Random Access Response (MSG2) Report			24
11:01:39.878	0xB169	LTE UE Identification Message (MSG3) Report			24
11:01:39.897	0xB139	LTE LL1 PUSCH Tx Report			56
11:01:39.940	0xB062	LTE MAC Rach Attempt			52
11:01:40.009	0xB193	LTE ML1 Idle Serving Cell Meas Response			96
11:01:40.117	0xB173	LTE PDSCH Stat Indication			40

图 4-27　UE 未收到 PDCCH 的消息流程（QCAT）

```
2011 Oct 31 11:01:39.517 [00] 0xB173 LTE PDSCH Stat Indication
Version      = 3
Num Records  = 5
Records
```

#	Subframe Num	Frame Num	Num RBs	Num Layers	Num Transport Blocks Present	Transport Blocks HARQ ID	RV	NDI	CRC Result	RNTI Type	TB Index	Discarded reTx Present	Did Recombining	TB Size (bytes)	MCS
0	5	870	7	2	1	0	0	0	Fail	SI	0	None	No	25	6
1	5	882	7	2	1	0	0	0	Pass	SI	0	None	No	25	6
2	5	894	7	2	1	0	0	0	Fail	SI	0	None	No	25	6
3	8	895	3	2	1	0	0	0	Pass	RA	0	None	No	10	0
4	5	896	7	2	1	0	0	0	Fail	SI	0	None	No	25	6

图 4-28　UE 未收到相关的 PDSCH（QCAT）

3. 解决方法和验证

MSG4 CT Timer 超时，无论是 MSG4 的 PDCCH 还是 MSG4 的 PDSCH 收不到底层上报的信息，均为下行无线信道质量较差引起的。通过以下组合手段改善下行数据的接收：

1）将 MAC Contention Resolution Timer 由 48sf 改为 64sf，增加 UE 接收 MSG4 PD-CCH 的概率；

2）将 PDCCH CCE 聚合度初始值由自适应调整改为固定 CCE 聚合度 4，增大 PDCCH 正确解调的概率；

3）将 PDCCH DCI1A 格式的功率由 0dB 修改为 3dB，增大 UE 正确解调 PDCCH 的概率。

修改完毕后，在原路段进行短呼测试。整个测试过程未出现接通失败，虽然出现两次 MSG4 fail，但经过随机接入重发，最终起呼成功，如图 4-29 和图 4-30 所示。

02:28:50.357	0xB0C0	LTE RRC OTA Packet	UL_CCCH	BS <<< MS
02:28:50.357	0xB061	LTE MAC Rach Trigger		
02:28:50.380	0xB167	LTE Random Access Request (MSG1) Report		
02:28:50.390	0xB130	LTE LL1 PDCCH Decoding Result		
02:28:50.391	0xB168	LTE Random Access Response (MSG2) Report		
02:28:50.391	0xB169	LTE UE Identification Message (MSG3) Report		
02:28:50.437	0xB130	LTE LL1 PDCCH Decoding Result		
02:28:50.450	0xB130	LTE LL1 PDCCH Decoding Result		
02:28:50.462	0xB130	LTE LL1 PDCCH Decoding Result		
02:28:50.465	0xB062	LTE MAC Rach Attempt		
02:28:50.465	0xB16A	LTE Contention Resolution Message (MSG4) Report		
02:28:50.480	0xB167	LTE Random Access Request (MSG1) Report		
02:28:50.490	0xB130	LTE LL1 PDCCH Decoding Result		
02:28:50.491	0xB168	LTE Random Access Response (MSG2) Report		
02:28:50.491	0xB169	LTE UE Identification Message (MSG3) Report		
02:28:50.518	0xB130	LTE LL1 PDCCH Decoding Result		
02:28:50.519	0xB16A	LTE Contention Resolution Message (MSG4) Report		
02:28:50.519	0xB062	LTE MAC Rach Attempt		
02:28:50.519	0xB0C0	LTE RRC OTA Packet	DL_CCCH	BS >>> MS
02:28:50.522	0xB0C0	LTE RRC OTA Packet	UL_DCCH	BS <<< MS

图 4-29 第一次 MSG4 fail 随机接入重发后接入成功（QCAT）

```
2011 Nov 4 02:28:50.611 [00] 0xB173 LTE PDSCH Stat Indication
Version       = 3
Num Records   = 7
Records
```

#	Subframe Num	Frame Num	Num RBs	Num Layers	Num Transport Blocks Present	HARQ ID	RV	NDI	CRC Result	RNTI Type	TB Index	Discarded reTx Present	Did Recombining	TB Size (bytes)	MCS
0	5	18	7	2	1	0	0	0	Pass	SI	0	None	No	25	6
1	8	23	3	2	1	0	0	0	Pass	RA	0	None	No	10	0
2	8	33	3	2	1	0	0	0	Pass	RA	0	None	No	10	0
3	6	36	16	2	1	0	0	0	Pass	Temp-C	0	None	No	44	0
4	8	41	2	2	1	0	0	1	Pass	C	0	None	No	7	0
5	9	41	2	2	1	1	0	1	Fail	C	0	None	No	7	0
6	3	43	2	2	1	1	2	1	Pass	C	0	None	Yes	7	0

图 4-30 随机接入重发后收到 PDSCH（QCAT）

4. 案例总结

在使用组合手段改善 MSG4 解调性能的同时，要注意和现场容量等问题协同考虑。修改 PDCCH CCE 聚合度，将会影响小区的调度能力。

4.4 切换时延优化

LTE 系统的切换有三种分类方法：

1）LTE TDD 的切换方式根据组网形式不同，可以分为频内切换和频间切换；

2）根据触发原因不同，可分为基于覆盖的切换、基于负荷的切换、基于业务的切换和基于 UE 移动速度的切换；

3）根据网络拓扑结构不通，可分为 eNodeB 之内、同一 MME 不同 eNodeB 间和不同

MME 不同 eNodeB 间的切换。

4.4.1　切换流程和分类

切换的整体流程如图 4-31 所示。

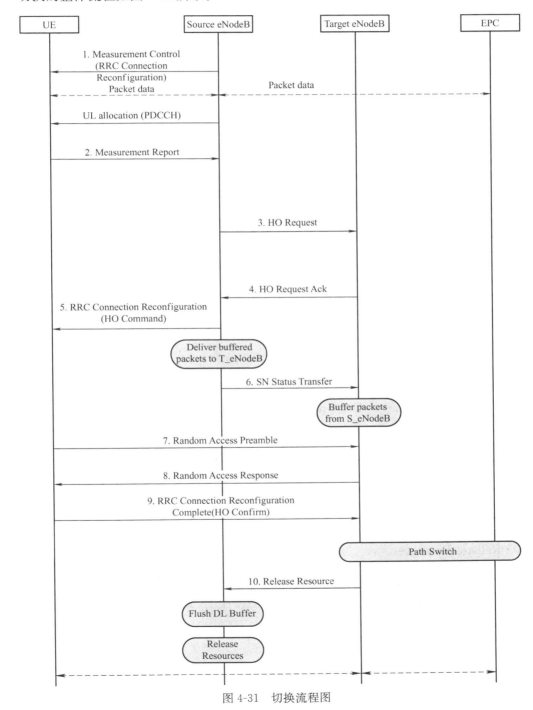

图 4-31　切换流程图

1. Measurement Control

测量控制，一般在初始接入或上一次切换命令中的重配消息里携带。

2. Measurement Report

测量报告，终端根据当前小区的测量控制信息，将符合切换门限的小区进行上报。

3. HO Request

源小区在收到测量报告后向目标小区申请资源及配置信息（站内切换的话为站内交互，站间切换会使用 X2 口或者 S1 口，优先使用 X2 口）。

4. HO Request Ack

目标小区将终端的接纳信息以及其他配置信息反馈给源小区。

5. RRC Connection Reconfiguration

将目标小区的接纳信息及配置信息发给终端，告知终端目标小区已准备好终端接入，重配消息里包含目标小区的测量控制。

6. SN Status Transfer

源小区将终端业务的缓存数据移至目标小区。

7. MSG1（Random Access Preamble）

终端收到第 5 步重配消息（切换命令）后使用重配消息里的接入信息进行接入。

8. RAR（Random Access Response）MSG2

目标小区接入响应，收到此命令后可认为接入完成了，然后终端在 RRC 层上发重配完成消息（第 9 步）。

9. RRC Connect Reconfiguration complete（HO Confirm）

上报重配完成消息，切换完成。

10. Release Resource

当终端成功接入后，目标小区通知源小区删除终端的上下文信息。

具体到不同的场景，信令流程稍有区别。下面按照 eNodeB 站内切换、X2 口切换和 S1 口切换三种场景进行具体介绍。

1. 站内切换

站内切换过程比较简单，由于切换源和目标都在一个小区，所以基站在内部进行判决，不需要向核心网申请更换数据传输路径，具体流程如图 4-32 所示。

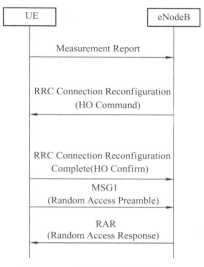

图 4-32 站内切换信令流程图

2. X2 口切换

X2 口切换用于建立 X2 口连接的邻区间切换，其流程如图 4-33 所示。

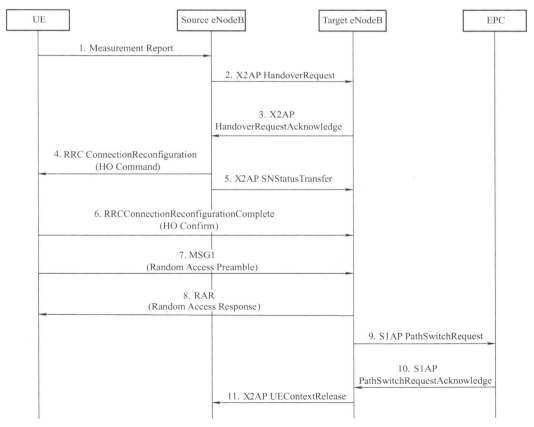

图 4-33 X2 口切换信令流程

eNodeB 在接到测量报告后先通过 X2 口向目标小区发送切换申请（图 4-33 第 2 步），得到目标小区反馈后（图 4-33 第 3 步）才会向终端发送切换命令，并向目标侧发送带有数据包缓存、数据包缓存号等信息的 SNStatus Transfer 消息；待 UE 在目标小区接入后，目标小区会向核心网发送路径更换请求，目的是通知核心网将终端的业务转移到目标小区，X2 口切换优先级大于 S1 口切换。

3. S1 口切换流程

S1 口切换流程如图 4-34 所示。

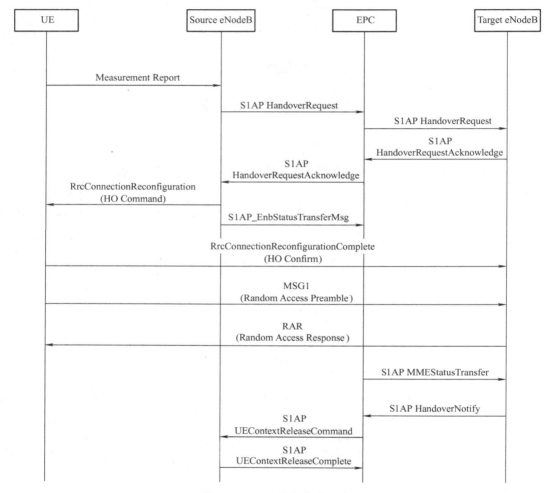

图 4-34　S1 口切换信令流程

S1 口切换发生在没有 X2 口切换且非站内切换的有邻区关系的小区之间，基本流程和 X2 口切换一致，但所有的站间交互信令都是通过核心网 S1 口转发，时延比 X2 口略大。

4.4.2　UE 侧切换信令解析

在 UE 侧可以从 NetArtist CXT/CXA 的诊断消息看到完整的切换信令，见表 4-10。

表 4-10　UE 侧正常切换信令

UE 时间	消息名称
18：39：46：103	Measurement Report
18：39：46：313	RRC Connection Reconfiguration
18：39：46：325	ML1 Downlink Common Configuration
18：39：46：325	ML1 Downlink Dedicated Configuration
18：39：46：325	ML1 Uplink Common Configuration
18：39：46：325	ML1 Uplink Dedicated Configuration
18：39：46：330	RLC UL Configuration
18：39：46：330	PDCP DL Configuration
18：39：46：331	RRC Connection Reconfiguration Complete
18：39：46：331	MAC RACH Trigger
18：39：46：341	MSG1
18：39：46：351	RAR
18：39：46：352	MSG3

注意：表中的 RRC Connection Reconfiguration Complete 只是组包完成，实际是在 MSG3 里发送的。

1. Measurement Report

终端根据服务小区下发的测量控制进行测量，将满足上报条件的小区上报给服务小区，消息内容如图 4-35 所示。

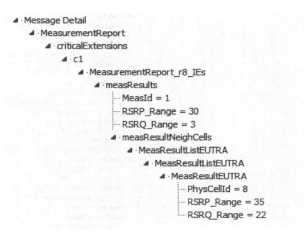

图 4-35　Measurement Report 内容

其中：

① MeasResults：服务小区测量值；

② MeasResultNeighCells：满足 A3 事件小区测量值。

为了表示方便，上报值减去 140dB 后才是实际值的测量值。例如上报的是 52，那么实际的就是 52dBm－140dB＝－88dBm，即

$$RSRP(dBm)＝(RSRPresult－140dBm)$$

2. RRC Connection Reconfiguration

将目标小区的接纳信息及配置信息发给终端，告知终端目标小区已准备好终端接入，重配消息里包含目标小区的测量控制。

3. MeasConfig

测量控制信息包括邻区列表、事件判断门限、时延、上报间隔等信息。图 4-36 给出了测量控制消息中携带的邻区信息，其他测量控制参数在 4.5.1 节中再做详细介绍。

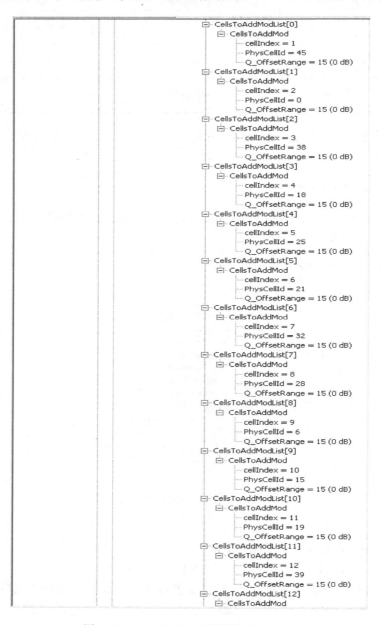

图 4-36　MeasConfig 中携带的邻区信息

4. mobilityControlInfo

带有 mobilityControlInfo 的重配消息才是真正的切换命令，mobilityControlInfo 里包含了目标小区的 PCI 以及接入需要的所有配置，如图 4-37 所示。

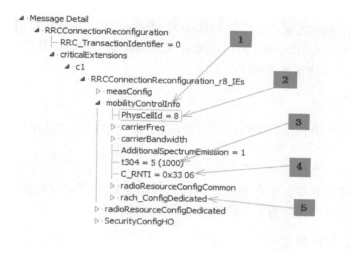

图 4-37　mobilityControlInfo 消息内容

1—包含该字段的重配消息是切换命令　2—目标 PCI　3—T304 定时器配置

4—C＿RNTI 用于目标小区的非竞争随机接入　5—RACH 配置

5. MSG1

终端在目标小区使用源小区在切换命令中带的接入配置进行接入，消息内容见表 4-11。

表 4-11　MSG1 消息

Message Detail
MSG1
Preamble sequence＝10
Physical root index＝650
Cyclic shift＝220
PRACH Tx Power＝14
Beta PRACH＝242
PRACH frequency offset＝12
Preamble format＝0
Random access request timing SFN＝507
Random access request timing SubSFN＝2
Random access response window start SFN＝507
Random access response window start SubSFN＝5
Random access response window end SFN＝508
Random access response window end SubSFN＝5
RA RNTI＝3

根据小区下发的 PRACH config，UE 采用随机接入前导序列为 10、根序列为 650 的前导码进行接入。可以看到 UE 采用前导序列 Format 0，随机接入请求在系统帧 507 \ 子帧 2 上发送，随机接入响应的接收窗从 SFN \ SF：507 \ 5 到 SFN \ SF：508 \ 5，窗长为 10ms，与"随机接入响应窗口 RA - Response Window Size"配置 10sf 一致。

随机接入无线网络临时标识（Random Access Radio Network Temporary Identifier，RA - RNTI）只存在于随机接入阶段的 MSG1 到 MSG2 阶段，UE 根据特定算法产生该值，通过 MSG1 带给 eNodeB，eNodeB 再用该值对 MSG2 加扰，UE 只有收到 MSG2 中携带的相同的 RA - RNTI，才能正确解调 PDCCH。

6. RAR（MSG2）

目前切换都为非竞争切换，所以到这一步基本上就可以确认在目标小区成功接入。

7. MSG3

实际上重配完成消息在收到切换命令后就已经组包结束了，但是在 MSG3 中发送，在目标侧的随机接入可认为是由重配完成消息触发随机接入。

4.4.3 切换时延分析思路

通过 NetArtist CXA 可以分析切换时延。

MS1［Qualcomm］→Delay→右键添加→选择 Control HO Delay→Apply，如图 4-38 所示。

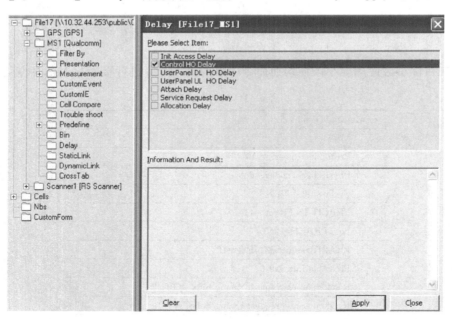

图 4-38　CXA 统计时延截图

MS1［Qualcomm］→Presentation→Signaling→双击 Delay 可看到统计结果。

CXA 中统计的切换时延是控制面的切换时延，始于收到 RRC 重配消息，止于收到 RAR 消息。根据终端侧的信令流程将 UE 切换过程分解为三个阶段：

1）RRC 重配到 RRC 重配完成；

2）RRC 重配完成到 MSG1；

3）MSG1 到 MSG2。

针对以上三个阶段的时延，具体分析思路如图 4-39 所示。

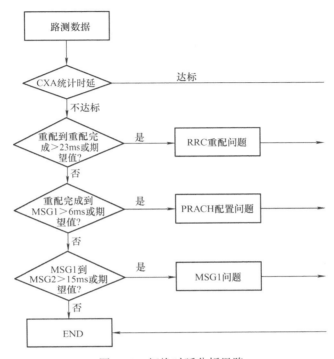

图 4-39　切换时延分析思路

4.4.4　RRC 重配问题分析

当 UE 执行相关测量后，如果进入了测量事件，会发送测量报告给服务小区。服务小区收到测量报告后，先向目标小区请求切换，目标小区准备好切入资源，回复同意切入，源小区才会发送包含移动控制信息的 RRC Connection Reconfiguration 消息告知 UE 切入目标小区。

UE 收到 RRC Connection Reconfiguration 后，进入切换流程。UE 内部准备链路建立（涉及的内部流程见表 4-12），随后触发向目标小区的随机接入请求 MSG1。

表 4-12　UE 内部准备链路建立步骤

ML1 Downlink Common Configuration
ML1 Downlink Dedicated Configuration
ML1 Uplink Common Configuration
ML1 Uplink Dedicated Configuration
RLC UL Configuration
PDCP DL Configuration
RRC Connection Reconfiguration Complete

这段时延主要是 UE 内部处理时延，通常情况下不大于 25ms。如果时延过长，需要反馈给终端厂商来定位。

4.4.5 PRACH 配置问题分析

RRC 重配完成到 MSG1 阶段是终端内部完成建立无线连接的资源准备工作后，触发随机接入的过程。如果该阶段的时延 >10ms，需要查看后台 Prach Config Index 配置的 PRACH 发送间隔是否过长。如果配置过长会导致 PRACH 单位时间发送的概率较小，导致时延增加。协议中定义的 PRACH 配置方式见表 4-13。

表 4-13 前导格式 0~4 的随机接入配置（TDD）

PRACH 配置序号	前导格式	每 10ms 的密度（D_{RA}）	版本（r_{RA}）
0	0	0.5	0
1	0	0.5	1
2	0	0.5	2
3	0	1	0
4	0	1	1
5	0	1	2
6	0	2	0
7	0	2	1
8	0	2	2

4.4.6 MSG1 问题分析

如果 MSG1 发送到收到 MSG2 时延 >14ms，需要进一步分析 MSG1 问题，思路如图 4-40 所示。

UE 发出 MSG1 后未收到 MSG2，等待超时后，UE 按照 Prach 发送周期对 MSG1 进行重发，导致时延增加。若收不到 MSG2 的 PDCCH，可分别对上行和下行进行分析。

（1）上行方向

1）结合后台 MTS 的 PRACH 信道收包情况，确认上行是否收到 MSG1；

2）检查 MTS 上行通道的接收功率是否 >-99dBm，若持续超过 -99dBm，解决上行干扰问题，比如是否存在 GPS 失步导致的交叉时隙干扰；

3）PRACH 相关参数调整：提高 PRACH 期望接收功率，增大 PRACH 的功率攀升步长，降低 PRACH 绝对前缀的检测门限。

（2）下行方向

1）UE 侧收不到以 RA_RNTI 加扰的 PDCCH，检查下行是否满足 RSRP >-119dBm，SINR >-3dB，若确定是下行覆盖问题，可通过调整工程参数、RS 功率、PCI 等改善；

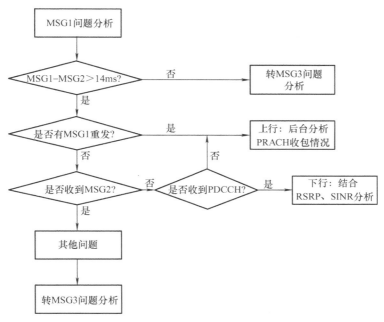

图 4-40 MSG1 问题分析思路

2）PDCCH 相关参数调整，比如增大公共空间 CCE 聚合度初始值，该初始值越高，越容易解调。

4.4.7 MSG1 多次重发案例分析

1. 现象描述

测试时间：2011 年 10 月 12 日星期三；
测试工具：高通终端＋CXT、扫频仪＋CXT；
后台版本：TD－LTE＿V2.0.030P02B08.0926；
测试方法：长呼保持测试，终端天线在车内 50％模拟加载；
测试计算机：Panasonic CF－810、Windows XP＿SP3 系统。
具体的测试时延统计见表 4-14。

表 4-14　测试结果

切换次数	最大时延/ms	最小时延/ms	平均时延/ms	目标时延/ms	备注
123	143	31	43.61	40	不满足

合同验收 KPI 指标：
Handover 的延迟（signal）计算方法及要求如下：

$$\text{Delay} = T_2(\text{HO CMD}) - T_1(\text{HO CMP}) < 40\text{ms}$$

NetArtist CXA 切换统计时延公式：

$$\text{Delay} = \text{RAR} - \text{RRC Connection Reconfiguration}$$

验收 KPI 计算条件：

1）在覆盖区域内，Handover 目的小区 RSRP≥−116dBm 且 RSRQ≥0dB；

2）eNodeB 以外的因素造成的异常延迟不作为统计对象；

3）Handover 在 eNodeB 间发生且使用 X2 接口；

4）周边业务负载 50％来实施（可以模拟负载）。

2. 问题分析

切换流程见 4.4.1 节，按照 eNodeB 间切换流程，截取其中一次超时的切换信令，提取出关键时间点的信令，见表 4-15。

表 4-15　NetArtist CXA 信令列表

	MS 时间	信道名称	消息名称
A	15：38：47：082	UL DCCH	Measurement Report
B	15：38：47：114	DL DCCH	RRC Connection Reconfiguration
	15：38：47：125	ML1 Config	ML1 Downlink Common Configuration
	15：38：47：125	ML1 Config	ML1 Downlink Dedicated Configuration
	15：38：47：125	ML1 Config	ML1 Uplink Common Configuration
	15：38：47：125	ML1 Config	ML1 Uplink Dedicated Configuration
	15：38：47：130	MAC Config	MAC Configuration
	15：38：47：130	DL RLC	RLC DL Configuration
	15：38：47：130	UL RLC	RLC UL Configuration
	15：38：47：131	DL PDCP	PDCP DL Configuration
	15：38：47：131	UL PDCP	PDCP UL Configuration
E'	15：38：47：131	UL DCCH	RRC Connection Reconfiguration Complete
	15：38：47：131	MAC Config	MAC RACH Trigger
C	15：38：47：141	UL MAC	MSG1
D	15：38：47：150	DL MAC	RAR
	15：38：47：150	MAC Config	MAC RACH Attempt
E	15：38：47：150	UL MAC	MSG3 (use for sending E')

其中：

A：事件触发测量报告；

B：收到基站下发的切换命令；

C：发起随机接入 RA Preamble；

D：收到随机接入响应；

E：发送随机接入完成消息；

E'：随机接入完成消息组包完成，通过 MSG3 发出。

按切换流程的三个阶段来统计此轮测试（共 19 次）中各阶段时延平均值（此项分析需要手工统计），统计结果见表 4-16。

表 4-16　时延分段分析列表

测试日期	测试次数	RRC 重配到 RRC 重配完成/ms	RRC 重配到触发 MSG1/ms	MSG1 到 MSG2/ms	MSG1 发送平均次数	控制面总时延/ms	备注
10 月 12 日	19	19.4	5.9	26.1	1.57	51.4	

3. 问题定位与解决

通过对比 LOG 可以发现，在切换时延较长的切换点中，如果存在多条 MSG1 重发，就会导致时延增加。统计 LOG 中 MSG1 次数与时延关系如图 4-41 所示。

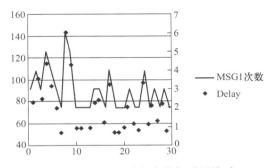

图 4-41　MSG1 重发次数与时延关系

经了解，该问题是由于 Preamble 漏检概率较高导致的。现象为 MSG1 发送多次后 UE 才可以接收到 MSG2。从 LOG 中查看均为等待 MSG2 超时重新发起 MSG1；查看物理层 LOG 发现没有检测到 MSG2 的 DCI 信息。

修改 PRACH 检测门限，将其参数全称 PRACH Absolute Preamble Threshold for eNodeB Detecting Preamble 的修改值从 2000 改到 50，修改后结果见表 4-17。

表 4-17　时延分段分析对比列表

测试日期	测试次数	RRC 重配到 RRC 重配完成时延/ms	RRC 重配到触发 MSG1 时延/ms	MSG1 到 MSG2 时延/ms	MSG1 发送平均次数	控制面总时延/ms	备注
10 月 12 日	19	19.4	5.9	26.1	1.57	51.4	优化前
12 月 3 日	87	19.5	4.87	10.8	1.046	35.2	优化后

4. 案例总结

切换时延问题的分析和定位主要来自测试数据的统计和详细信令的分析。可以运用 Excel 分段筛选出需要分析切换的关键信令，计算出每段的时延情况。建议信令分段方法：

1）RRC 重配到 RRC 重配完成阶段；

2）RRC 重配到触发 MSG1 阶段；

3）MSG1 到 MSG2 阶段；

4）MSG2 到 MSG3 阶段。

在第 3 阶段中需要注意 MSG1 是否有重发、每次重发的间隔情况、MSG1 消息的内容是否正确以及终端发射功率是否正常。在第 4 阶段中需要留意 UE 是否收到 MSG2、查看 PDCCH 的调度、对应的 PDSCH 是否收到、CRC 校验是否正确、MCS 的调度情况以及 MSG2 解调正确与否。

目前 TD-LTE 的时延问题主要在于 MSG1 的重发，是由于 Preamble 漏检概率较高导致的，该情况在后台通过修改门限参数 PRACH Absolute Preamble Threshold for eNodeB Detecting Preamble 解决，将该值修改为 50，MSG1 重发问题基本得到解决。

4.5 切换成功率优化

4.5.1 切换相关参数

1. LTE 测量事件

LTE 支持的切换事件有 A 类和 B 类。其中 A 类用于系统内测量，B 类用于系统间测量，具体事件列表见表 4-18。

表 4-18 LTE 系统事件列表

事件名	事 件 概 述
A1	服务小区质量高于门限
A2	服务小区质量低于门限
A3	邻接小区偏移后优于服务小区
A4	邻接小区质量优于门限
A5	服务小区质量低于门限 1，同时邻接小区质量高于门限 2
B1	异 RAT 小区的质量优于门限
B2	服务小区质量低于门限 1，同时异 RAT 小区的质量优于门限 2

目前现网采用的是 A2/A3/B2 事件，A3 用于 LTE 系统内切换，A2/B2 事件用于 LTE 与 GERAN/UMTS 系统的重定向/切换，主要以 A3 事件为例进行介绍。

A3 事件的触发条件是目标小区信号质量高于本小区一个门限且维持一段时间，如图 4-42 所示。

终端在接入网络后会持续进行服务小区及邻区测量（邻区测量与传统意义上的邻区测量不同，是对整个同频网络中的小区进行测量，类似 Scanner 进行 TopN 扫频），当终端满足 Mn+Ofn+Ocn−Hys＞Ms+Ofs+Ocs+Off 且维持 Time to Trigger 个时段后上报测量报告：

① Mn：邻小区测量值；

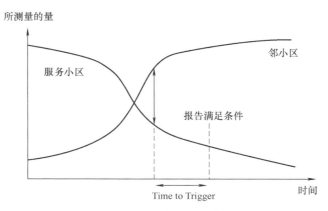

图 4-42　A3 事件报告示意图

② Ofn：邻小区频率偏移；

③ Ocn：邻小区偏置；

④ Hys：迟滞值；

⑤ Ms：服务小区测量值；

⑥ Ofs：服务小区频率偏移；

⑦ Ocs：服务小区偏置；

⑧ Off：偏置值。

A3 事件的相关参数在 UE 发起连接后在 RRC Connection Reconfiguration 消息中下发给 UE，如图 4-43 所示。

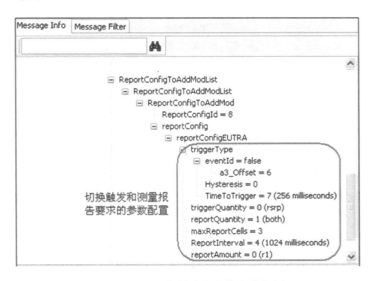

图 4-43　测量控制消息事件参数解析

测量配置（Reportconfig）中携带的与 A3 事件相关的测量信息，包括如下信息：

① A3 _ Offset：表示触发 A3 事件的偏移量。

② Hysteresis：表示进行判决时的迟滞范围，取值范围为 0～30，分别对应（0，0.5，…，

83

15) dB，step 0.5dB。

③ Time to Trigger：监测到事件发生的时刻到事件上报的时刻之间的时间差，其含义是只有当特定测量事件（如 A3/A2）条件在一段时间即触发时间（Time To Trigger）内始终满足事件条件时才上报该事件，取值范围为 0～15，对应的实际取值为 enum（0，40，64，80，100，128，160，256，320，480，512，640，1024，1280，2560，5120）ms。图 4-43 中配置为 7，对应 256ms。

④ Trigger Quantity：表示事件触发的测量指标，可选 RSRP、RSRQ，配置值为 0～1，分别对应测量的指标 enumerate（RSRP，RSRQ）。

⑤ MaxReportCells：表示最大上报小区数目，对应可配置的数目为 1～8 个。

⑥ ReportInterval：事件触发周期报告间隔，配置范围为 0～12，对应的配置值为 enum（120ms，240ms，480ms，640ms，1024ms，2048ms，5120ms，10240ms，1min，6min，12min，30min，60min）。

⑦ ReportAmount：事件触发周期报告次数，配置范围为 0～7，分别对应的值为（1，2，4，8，16，32，64，Infinity）次。图 4-43 中配置为 0，对应上报报告次数为 1 次。

2. LTE 测量控制消息

在测量控制的重配消息中除了下发测量配置，同时也会下发配置的 MeasObject（测量对象）和 MeasID（测量标识），如图 4-44 所示。

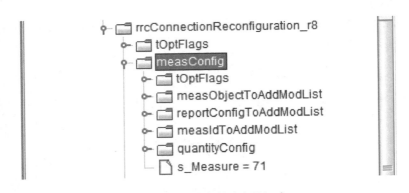

图 4-44　测量控制消息的组成

（1）测量对象

测量对象是测量的邻区信息，包括相邻小区的频点、带宽、邻区配置数量和小区个体偏移。一个频点是一个测量对象，其中可能包括多个小区（多个小区的 PCI 不同），如图 4-45 所示。

① CarrierFreq：表示中心频点，使用绝对频点号给出。绝对频点号和真实频率是一一对应的。图 4-45 中绝对频点号 38950 对应的中心频率为 2330MHz。

② AllowedMeasBandWidth：表示可测量带宽，配置值范围为 0～5，分别对应 1.4MHz（6RB）、3MHz（15RB）、5MHz（25RB）、10MHz（50RB）、15MHz（75RB）和 20MHz（100RB）。图 4-45 中的值为 5，表示可测量带宽为 20MHz。

③ NeighCellConfig：为相邻小区配置。该参数用于提供 MBSFN 和邻区上/下行配置相

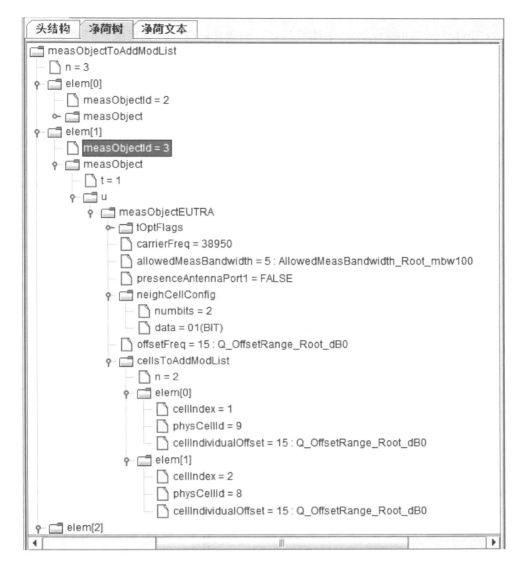

图 4-45 测量对象消息解析

关信息，为 2bit 的二进制数。对于 TDD，00 \ 10 \ 01 仅用于与服务小区相同的上行/下行分配场景，11 用于与服务小区不同的上行/下行分配场景，具体含义如下：

00：表示不是所有的邻区都有与服务小区相同的 MBSFN 子帧分配；

10：表示所有邻区的 MBSFN 子帧分配是与服务小区相同或者是其子集；

01：表示在所有邻区中没有 MBSFN 子帧；

11：与服务小区相比较，在邻区中有不同的 TDD 上行/下行分配。

图 4-45 中的值为 01，表示邻区没有配置 MBSFN 子帧。

④ Q_OffsetRange：频间偏移值，是影响小区间重选的偏移值，配置值范围为 0~30，分别对应的实际取值为 enumerate（−24，−22，−20，−18，−16，−14，−12，−10，−8，−6，−5，−4，−3，−2，−1，0，1，2，3，4，5，6，8，10，12，14，16，18，

20，22，24)dB。图 4-45 中值为 15，对应偏移值为 0dB。

⑤ cellIndividualOffset：小区个体偏移，影响事件触发时的偏移值，配置范围为 0～30，分别对应的实际取值为 enumerate（−24，−22，−20，−18，−16，−14，−12，−10，−8，−6，−5，−4，−3，−2，−1，0，1，2，3，4，5，6，8，10，12，14，16，18，20，22，24)dB。图 4-45 中配置值为 15，对应偏移值为 0dB。

（2）测量标识

测量标识是测量对象和测量配置的组合，在测量过程中出现满足条件的组合时，会上报相应的测量标识和测量对象中对应的 PCI 和测量值，消息解析分别如图 4-46 和图 4-47 所示。

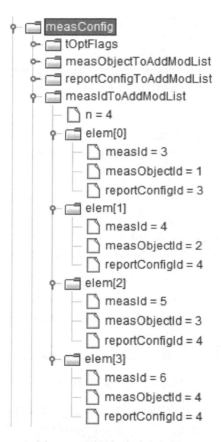

图 4-46　测量标识消息解析

4.5.2　切换整体优化思路

所有的异常流程都首先需要检查基站、传输等状态是否异常，排查基站、传输等问题后再进行分析。

按照切换流程的三个阶段，对照图 4-48 给出的切换问题处理流程，在某一环节出现问题可以按照相关的处理流程进行处理。

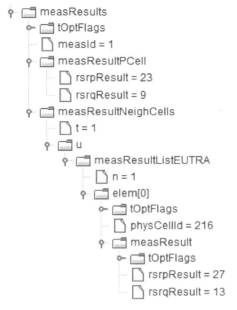

图 4-47 测量报告消息解析

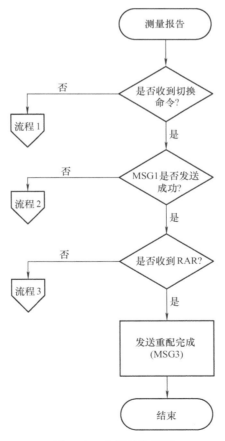

图 4-48 分析整体思路

4.5.3 发送测量报告后未收到切换命令

该问题是外场最常见问题，处理定位也比较复杂，分析流程如图 4-49 所示。

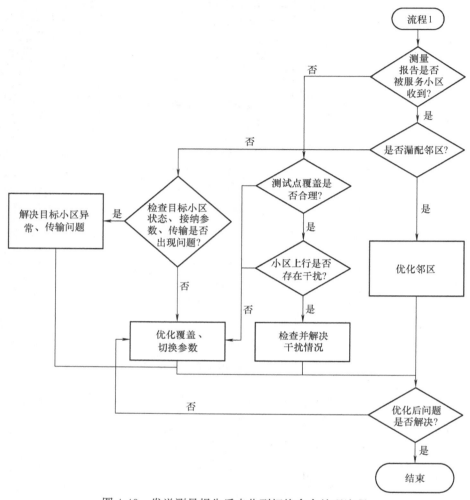

图 4-49 发送测量报告后未收到切换命令处理流程

1. 基站未收到测量报告（可通过后台信令跟踪检查）

检查覆盖点是否合理，主要是检查测量报告点的 RSRP、SINR 等覆盖情况，确认终端是否在小区边缘，或是否存在上行功率受限情况（根据终端估计的路损判断）。如果是该情况，则按照现场情况调整覆盖及切换参数，解决异常情况。

目前现场测试建议在切换点覆盖 RSRP 不要低于 −120dBm，SINR 不要小于 −5dB。

检查是否存在上行干扰，可通过后台 MTS 查询，例如：在 20MHz 带宽下，无终端接入时基站接收的底噪约为 −98dBm（20MHz 总带宽下，如果为单 RB，则为 −119dBm 左右）；如果在无用户时底噪过高，则肯定存在上行干扰，上行干扰优先检查是否为邻近其他小区 GPS 失锁导致。当前版本暂不支持后台工具定位干扰源位置，只能通过关闭干扰源附近站点，使用扫频仪（Scanner）进行扫频测试来排查。

2. 基站收到了测量报告

（1）未向终端发送切换命令情况

1）确认目标小区是否为漏配邻区，漏配邻区从后台比较容易看出来，直接观察后台信令跟踪中基站收到测量报告后是否向目标小区发送切换请求即可。漏配邻区也可在前台进行判断，首先检查测量报告中给源小区上报的 PCI，检查接入或切换至源小区时重配命令中的 MeasObjectToAddModList 字段中的邻区列表中是否存在终端测量报告携带的 PCI。如果确认为漏配邻区，添加邻区关系即可。

2）在配置了邻区后若收到了测量报告后，源基站会通过 X2 口或者 S1 口（若没有配置 X2 偶联）向目标小区发送切换请求。此时需要检查目标小区是否未向源小区发送切换响应，或者发送 HANDOVER PREPARATION FAILUE 信令，在这种情况下源小区也不会向终端发送切换命令。此时需要从以下三个方面定位：

① 目标小区准备失败，RNTI 准备失败、PHY/MAC 参数配置异常等会造成目标小区无法接纳而返回 HANDOVER PREPARATION FAILUE；

② 传输链路异常，会造成目标小区无响应；

③ 目标小区状态异常，会造成目标小区无响应。

（2）向终端发送切换命令情况

主要检查测量报告上报点的覆盖情况，是否为弱场，或强干扰区域，优先建议通过工程参数解决覆盖问题，若覆盖不易调整则通过调整切换参数进行优化。

4.5.4　目标小区 MSG1 发送异常

目标小区 MSG1 发送异常问题处理流程如图 4-50 所示。

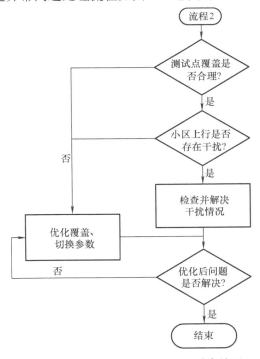

图 4-50　向目标小区发送 MSG1 异常处理

正常情况测量报告上报的小区都会比源小区的覆盖情况好，但不排除目标小区覆盖陡变的情况，所以应首先排除由于测试环境覆盖引起的切换问题。这类问题建议优先调整覆盖，若覆盖不易调整则通过调整切换参数进行优化。

当覆盖比较稳定却仍无法正常发送时，就需要在基站侧检查是否出现上行干扰。

4.5.5 接收 RAR 异常

对于接收 RAR 异常情况，主要检查测试点的无线环境，处理思路仍是优先优化覆盖，若覆盖不易调整再调整切换参数，流程如图 4-51 所示。

4.5.6 漏配邻区案例

漏配邻区一般可通过无线参数表结合测试数据检查，或者可以在后台直接通过信令跟踪确认收到测量报告后源小区是否向目标小区发出切换请求来确认，但某些场景下不易取得无线参数表，且无法进行后台信令跟踪，那么可以通过前台信令来分析得到。

LTE 网络在协议中是一个自优化的网络，终端上报测量报告中会按照 A3 事件判断原则进行上报，上报的小区不受测量控制中邻区影响，所以只需要将切换异常点的测量报告和当前服务小区的测量控制中的邻区进行对比就可得出是否为漏配邻区。

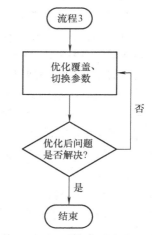

图 4-51　RAR 接收异常处理流程

1. 问题现象

在某次路测中发现有重复上报情况，如图 4-52 所示。

18:42:17:1...	0	0	UL DCCH	Measurement Report
18:42:33:8...	0	0	UL DCCH	Measurement Report
18:42:51:5...	0	0	UL DCCH	Measurement Report
18:42:59:9...	0	0	UL DCCH	Measurement Report
18:43:00:2...	0	0	DL DCCH	RRC Connection Reconfiguration

图 4-52　多次上报测量报告

前三次测量报告目标 PCI 都是 28（前三次类似，PCI 相同，RSRP 测量值略有差异），如图 4-53 所示。

第四次测量报告中有 PCI 为 28、19 两个小区，从测量值上看，PCI＝28 的小区比 PCI＝19 的小区高 3dB，如图 4-54 所示。

接着收到了切换命令，切换命令中的目标小区不是最高的 PCI＝28 的小区，而是 PCI＝19 的小区，如图 4-55 所示。

此时即可初步怀疑 PCI＝28 的小区为漏配邻区。检查测量控制中下发的邻区列表确实没有 PCI＝28 的小区，只有 PCI＝19 的小区，如图 4-56 所示。

```
▲ Message Detail
   ▲ MeasurementReport
      ▲ criticalExtensions
         ▲ c1
            ▲ MeasurementReport_r8_IEs
               ▲ measResults
                     MeasId = 1
                     RSRP_Range = 35
                     RSRQ_Range = 5
                  ▲ measResultNeighCells
                     ▲ MeasResultListEUTRA
                        ▲ MeasResultListEUTRA
                           ▲ MeasResultEUTRA
                                 PhysCellId = 28
                                 RSRP_Range = 38
                                 RSRQ_Range = 17
```

图 4-53   第一个测量报告

```
▲ Message Detail
   ▲ MeasurementReport
      ▲ criticalExtensions
         ▲ c1
            ▲ MeasurementReport_r8_IEs
               ▲ measResults
                     MeasId = 1
                     RSRP_Range = 37
                     RSRQ_Range = 0
                  ▲ measResultNeighCells
                     ▲ MeasResultListEUTRA
                        ▲ MeasResultListEUTRA[0]
                           ▲ MeasResultEUTRA
                                 PhysCellId = 28
                                 RSRP_Range = 44
                                 RSRQ_Range = 11
                        ▲ MeasResultListEUTRA[1]
                           ▲ MeasResultEUTRA
                                 PhysCellId = 19
                                 RSRP_Range = 41
                                 RSRQ_Range = 15
```

图 4-54   第四个测量报告

```
▲ Message Detail
   ▲ RRCConnectionReconfiguration
         RRC_TransactionIdentifier = 1
      ▲ criticalExtensions
         ▲ c1
            ▲ RRCConnectionReconfiguration_r8_IEs
               ▷ measConfig
               ▲ mobilityControlInfo                    1
                     PhysCellId = 19  ←
```

图 4-55   切换命令

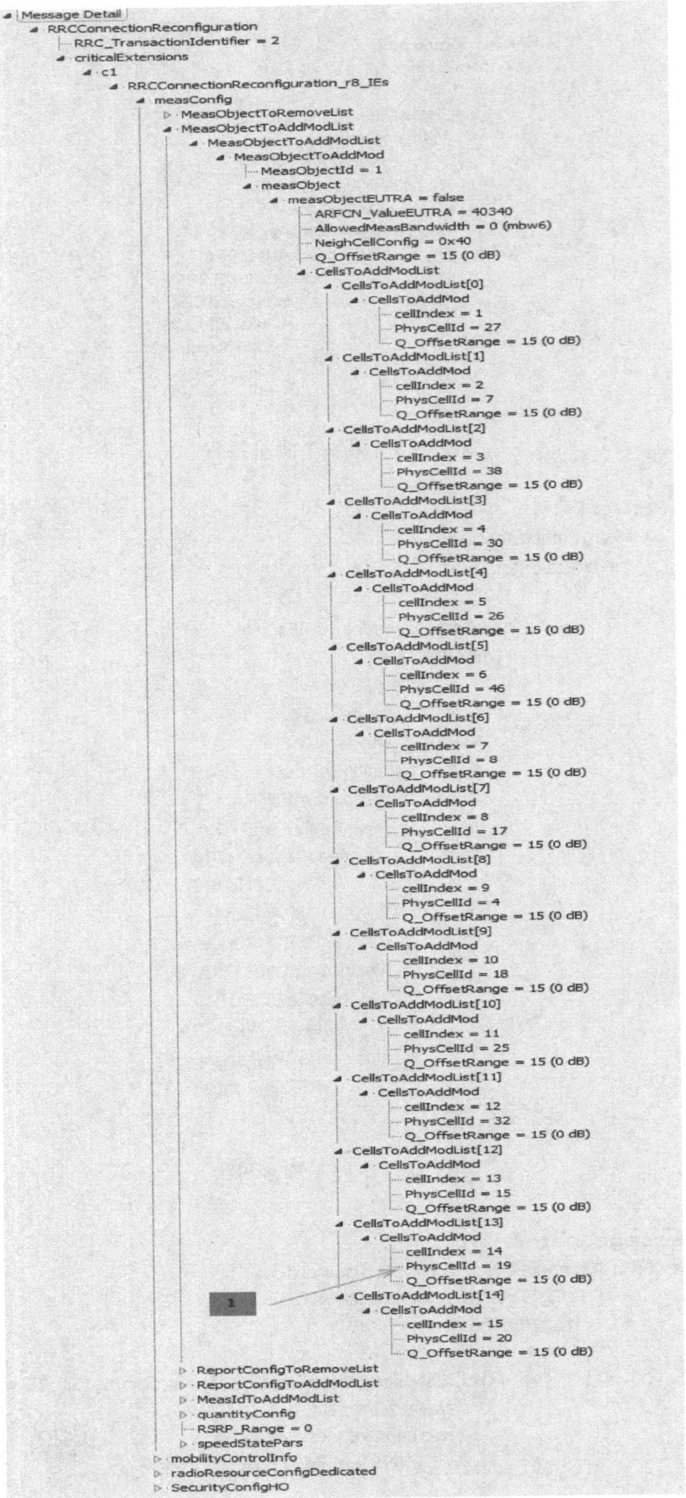

图 4-56 测控消息中下发的邻区列表

2. 问题分析

漏配邻区会导致多次测量报告，直到某一次测量报告中上报的目标小区是源小区的邻区时才会收到切换命令，但如果上报的测量报告基站还未响应就会带来速率下降（SINR 变差），甚至失步发起重建流程，最终导致掉话事件。

3. 问题处理

对于漏配邻区问题，需要添加上相应的邻区或是调整部分邻区的发射功率。因为目前 LTE 邻区数目最多只有 32 个，可能还涉及删除部分距离较远/切换次数较少的邻区。

4.5.7　无线环境导致的切换失败案例

该案例以站点 GPS 异常引起的其他站点小区上行干扰严重导致的切换与接入成功率差情况为例进行说明，整个处理思路可用来定位上行干扰问题。

1. 问题现象

在测试某地网络指标摸底阶段中，经常出现接入不成功、切换后异常掉话现象，这种现象没有一定的规律，有时成功有时失败。测试中掉话点分布如图 4-57 所示。

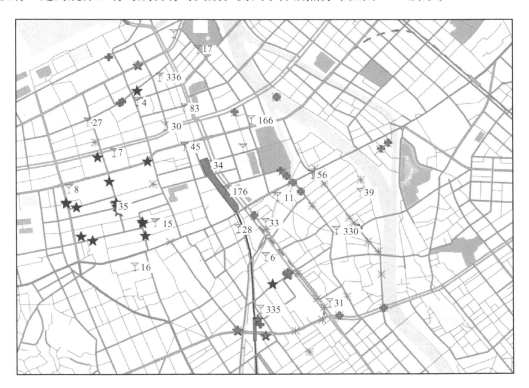

图 4-57　测试中掉话点分布

通过掉话点分布，可以看到掉话点基本在东南边。本次长保拉网的指标统计见表 4-19。

表 4-19　长保拉网统计指标列表

序　号	KPI 指标	响应次数	尝试次数	成功率（%）
1	Random Access Success [%]	207	215	96.28
2	RRC Connect Success [%]	38	41	92.68
3	Initial Access Success [%]	0	0	0.00
4	ERAB Connect Success [%]	44	44	100.00
5	Call Drop [%]	26	44	59.09
6	HO Success [%]	106	130	81.54

从表 4-19 可以看出，掉话率、切换成功率都非常差。

2. 问题分析

针对该问题，挑选部分小区定点做了测试，发现定点拨测中始终连接不到网络，如图 4-58 所示。

Num	SignalName	Direc...	MSGType	ChannelID	FN	SubFN	Length	Tim
36	ShortBufferStatusReport	Up	MAC_Msg	00011101	520	7	1	2011
37	ShortBufferStatusReport	Up	MAC_Msg	00011101	532	7	1	2011
38	RRCConnectionRelease	Down	RRC_Msg	00000001	536	1	2	2011
39	ATTACH_REQ	Up	NAS_Msg	00000000	524	9	25	2011
40	RRCConnectionRequest	Up	RRC_Msg	00000000	524	9	6	2011
41	MSG1	Up	MAC_Msg	00100001	527	2	1	2011
42	MSG1	Up	MAC_Msg	00100001	529	2	1	2011
43	MSG1	Up	MAC_Msg	00100001	531	2	1	2011
44	MSG1	Up	MAC_Msg	00100001	533	2	1	2011
45	MSG1	Up	MAC_Msg	00100001	535	2	1	2011
46	MSG1	Up	MAC_Msg	00100001	537	2	1	2011
47	MSG1	Up	MAC_Msg	00100001	539	2	1	2011
48	MSG1	Up	MAC_Msg	00100001	541	2	1	2011
49	MSG1	Up	MAC_Msg	00100001	543	2	1	2011
50	MSG1	Up	MAC_Msg	00100001	545	2	1	2011
51	MSG1	Up	MAC_Msg	00100001	547	2	1	2011
52	MSG1	Up	MAC_Msg	00100001	549	2	1	2011
53	MSG1	Up	MAC_Msg	00100001	551	2	1	2011
54	MSG1	Up	MAC_Msg	00100001	553	2	1	2011
55	MSG1	Up	MAC_Msg	00100001	555	2	1	2011
56	MSG1	Up	MAC_Msg	00100001	557	2	1	2011
57	MSG1	Up	MAC_Msg	00100001	559	2	1	2011
58	MSG1	Up	MAC_Msg	00100001	561	2	1	2011
59	MSG1	Up	MAC_Msg	00100001	563	2	1	2011
60	RAR	Down	MAC_Msg	00100010	563	8	27	2011
61	MSG3	Up	MAC_Msg	00100011	564	7	22	2011
62	MSG4	Down	MAC_Msg	00100100	566	5	61	2011
63	RRCConnectionSetup	Down	RRC_Msg	00000001	566	5	30	2011
64	RRCConnectionSetupComplete	Up	RRC_Msg	00000001	567	0	28	2011
65	ShortBufferStatusReport	Up	MAC_Msg	00011101	582	7	1	2011
66	ShortBufferStatusReport	Up	MAC_Msg	00011101	642	7	1	2011
67	RRCConnectionRelease	Down	RRC_Msg	00000001	665	9	2	2011
68	ATTACH_REQ	Up	NAS_Msg	00000000	655	2	25	2011
69	RRCConnectionRequest	Up	RRC_Msg	00000000	655	2	6	2011

图 4-58　上行干扰引起的问题现象

UE 不断尝试接入，从 RRC 请求到最后 RRC 释放，频繁出现，始终无法正常接入。查看当时测试 LOG，在服务小区出现 RRC 重建后被拒绝，如图 4-59 所示。

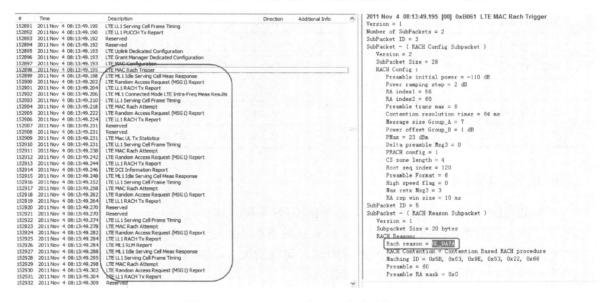

图 4-59　eNodeB 拒绝 RRC 重建

UE 侧的原因为 UL ＿ DATA 后 DCI0 未达，SR 达到最大次数，触发 MSG1，由于 MSG1 无法到达网络侧，不断重发 8 次后失败，后触发重建，如图 4-60 所示。

图 4-60　UL ＿ DATA 后 DCI0 未达触发 MSG1

分析掉话点与 eNodeB ID 的关系，发现有一定联系，非掉话区域隶属于 eNodeB ID＝400010，靠近掉话区域的隶属于 eNodeB ID＝400011/400012 的 BBU 下挂小区，因此怀疑可能是 eNodeB ID＝400010 与 eNodeB ID＝400011/400012 某些关联问题导致。

查看后台设备告警和 GPS 状态，发现 eNodeB ID 为 400010 和 400012 的站点正常，而 eNodeB ID＝400011 的站点 GPS 未锁定。

看站点分布情况，eNodeB ID 为 400011/400012 的覆盖区域呈插花式分布，没有集中在一起，那么如果 400011 GPS 失锁，就可能导致其下挂的小区对周边小区造成 GPS 干扰，造成其他小区上行接入失败。对接入切换不成功的小区提取 MTS 跟踪上行接收功率数据，发现基站侧接收功率普遍抬高，平均在－80dBm 左右（按端口统计正常应该在－96～99dBm），明显存在上行干扰，具体见表 4-20。

表 4-20 上行干扰数据

GPS 时间	通道 0 接收功率/dBm	通道 1 接收功率/dBm	通道 2 接收功率/dBm	通道 3 接收功率/dBm
2011-11-11 11:02:02	-84.62	-81.55	-88.12	-84.13
2011-11-11 11:02:08	-84.62	-81.55	-88.12	-84.13
2011-11-11 11:02:15	-84.18	-81.51	-88.12	-84.13
2011-11-11 11:02:21	-84.18	-81.51	-88.12	-84.13
2011-11-11 11:02:27	-84.18	-81.51	-88.12	-84.13
2011-11-11 11:02:33	-84.62	-81.51	-88.12	-84.15
2011-11-11 11:02:39	-84.62	-81.51	-88.12	-84.15
2011-11-11 11:02:46	-84.62	-81.53	-80.87	-84.11
2011-11-11 11:02:52	-84.62	-81.53	-80.87	-84.11
2011-11-11 11:02:58	-84.62	-81.53	-80.87	-84.11
2011-11-11 11:03:05	-84.62	-81.53	-80.33	-83.41
2011-11-11 11:03:11	-84.62	-81.53	-80.33	-84.41
2011-11-11 11:03:17	-84.62	-81.53	-80.33	-83.69
2011-11-11 11:03:23	-84.62	-81.53	-80.33	-83.69

3. 解决方法和验证

eNodeB ID=400011 站点会出现偶然性的 GPS 失锁，这将造成 eNodeB ID 为 400010/400012 下的一些距离 eNodeB ID=400011 站点比较近的小区受到干扰，因此把 eNodeB ID=400011 下挂的所有站点闭塞。再次进行测试，问题消失，eNodeB ID 为 400010/400012 下的所有小区接入切换均成功，问题得以解决。

后续将对 eNodeB ID=400011 站点的 GPS 失锁问题进行进一步分析，解决失锁问题。

4. 案例总结

根据上述分析得知，如果 GPS 一旦出现异常，那么对周边站点的干扰是比较严重的。对于没有接通 GPS 的情况要坚决不能开通，对于偶然存在 GPS 失锁的情况要通过参数来控制其对其他站点的干扰，目前后台有关于 GPS 失锁后的控制方案，其中包含两个参数：

① GPS 同步保持：开/关；

② GPS 同步保持时间门限：60min～4h。

开关状态为 enable，时间默认为 60min：表示开关打开，基站在 60min 内，GPS 没有同步则关闭小区。

开关状态为 disable，时间默认为 60min：表示开关关闭，小区状态不受 GPS 是否同步影响，始终保持正常建立状态。

第一个参数必须配置为开，再设置保持时间，默认是 60min。

4.5.8 上行失步导致的切换失败案例

1. 问题现象

在某次测试过程中发现终端在行至蓝框所在位置后重建,且重建立被拒绝,如图 4-61 所示。

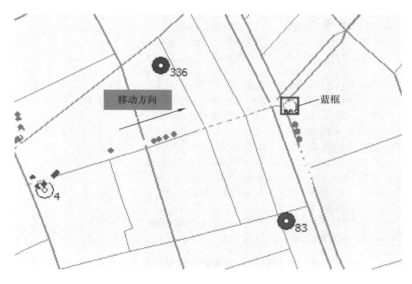

图 4-61 测试中掉话

2. 问题分析

检查信令,在重建立之前发送了两次测量报告,但没有收到切换命令,导致终端失步,重建立被拒,如图 4-62 所示。

680491	15:26:36:109	5	BCCH DL SCH	System Information Block Type1
934336	15:28:50:265	0	UL DCCH	Measurement Report
934392	15:28:50:609	0	UL DCCH	Measurement Report
934426	15:28:50:906	5	BCCH DL SCH	System Information Block Type1
934431	15:28:50:906	0	BCCH DL SCH	System Information
934439	15:28:50:906	0	UL CCCH	RRC Connection Reestablishment Request
934452	15:28:50:921	5	DL CCCH	RRC Connection Reestablishment Reject

图 4-62 测试中测量报告截图

打开诊断信令,发现终端在发送测量报告前已经发送 SR 申请调度了,但一直没有收到 PDCCH 反馈调度信息,即 SR 申请失败,如图 4-63 所示。

直到 SR 发送达到最大次数后,在源小区发起了随机接入,查询 MAC RACH Trigger 信令,发送随机接入的原因值为 UL data arrival,即 SR 申请失败,MR 未发送成功,如图 4-64 所示。

934329	15:28:50:265	LL1 PUCCH Tx Report
934330	15:28:50:265	LL1 PCFICH Decoding Result
934331	15:28:50:265	LL1 PUCCH CSF Log
934332	15:28:50:265	LL1 PUCCH Tx Report
934333	15:28:50:265	LL1 PUCCH CSF Log
934334	15:28:50:265	LL1 PCFICH Decoding Result
934335	15:28:50:265	LL1 PUCCH Tx Report
934336	15:28:50:265	Measurement Report
934337	15:28:50:265	ML1 DCI Information Report
934338	15:28:50:265	LL1 PUCCH CSF Log
934339	15:28:50:265	LL1 PCFICH Decoding Result
934340	15:28:50:265	LL1 PUCCH Tx Report
934341	15:28:50:265	LL1 PUCCH CSF Log
934342	15:28:50:296	PDCP UL Statistics
934343	15:28:50:296	LL1 PUCCH Tx Report
934344	15:28:50:296	LL1 PCFICH Decoding Result
934345	15:28:50:296	LL1 PUCCH CSF Log
934346	15:28:50:296	LL1 PUCCH Tx Report
934347	15:28:50:296	LL1 PCFICH Decoding Result
934348	15:28:50:296	LL1 PUCCH CSF Log
934349	15:28:50:390	LL1 PUCCH Tx Report
934350	15:28:50:390	LL1 PUCCH CSF Log
934351	15:28:50:390	LL1 PCFICH Decoding Result
934352	15:28:50:390	LL1 PUCCH Tx Report

图 4-63　SR 申请调度失败

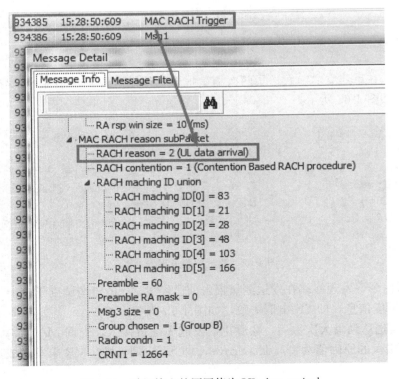

图 4-64　随机接入的原因值为 UL data arrival

整个随机接入过程在源小区发送 MSG1 都未收到 RAR，如图 4-65 所示。

934386	15:28:50:609	Msg1
934387	15:28:50:609	LL1 PUCCH Tx Report
934388	15:28:50:609	ML1 Radio Link Monitoring
934389	15:28:50:609	MAC RACH Attempt
934390	15:28:50:609	Msg1
934391	15:28:50:609	LL1 PCFICH Decoding Result
934392	15:28:50:609	Measurement Report
934393	15:28:50:609	MAC RACH Attempt
934394	15:28:50:609	Msg1
934395	15:28:50:609	MAC RACH Attempt
934396	15:28:50:609	Msg1
934397	15:28:50:609	LL1 PCFICH Decoding Result
934398	15:28:50:609	MAC RACH Attempt
934399	15:28:50:609	Msg1
934400	15:28:50:609	LL1 PCFICH Decoding Result
934401	15:28:50:609	MAC RACH Attempt
934402	15:28:50:609	Msg1
934403	15:28:50:656	MAC RACH Attempt
934404	15:28:50:656	Msg1
934405	15:28:50:656	LL1 PCFICH Decoding Result
934406	15:28:50:656	MAC RACH Attempt
934407	15:28:50:656	Msg1
934408	15:28:50:656	MAC RACH Attempt
934409	15:28:50:656	MAC RACH Attempt
934410	15:28:50:656	Msg1
934411	15:28:50:656	LL1 PCFICH Decoding Result

图 4-65　未收到 RAR

当 MSG1 发送最大次数后，即在源小区恢复上行链路失败，进入重建流程，重建原因值为 Radio link failure，如图 4-66 所示。

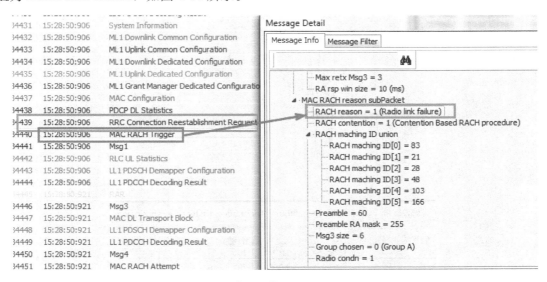

图 4-66　重建原因值为 Radio link failure

但是重建选择的小区没有终端上下文信息，重建被拒，导致掉话，如图 4-67 所示。

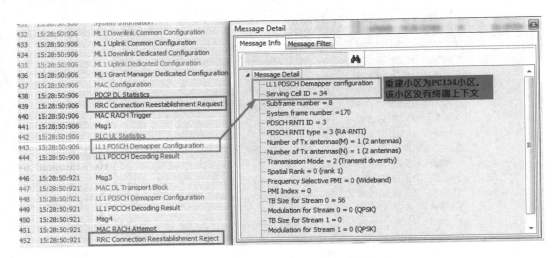

图 4-67　重建的目标小区不是源服务小区

3. 问题解决与验证

UL data arrival 问题一般出现在源小区弱场，若是切换带设置靠前，则可以通过提前切换到其他信号质量较好的小区解决。

查询问题点 RSRP 变化情况，发现源小区在很短的时间内信号强度陡降，邻区则是短时间陡升的情况，如图 4-68 所示。此时调整小区个体偏移效果不明显，故减小当前网络 time to trigger。

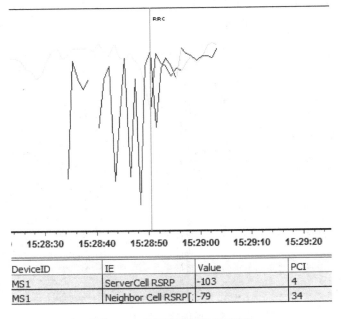

DeviceID	IE	Value	PCI
MS1	ServerCell RSRP	-103	4
MS1	Neighbor Cell RSRP[	-79	34

图 4-68　信号强度变化示意图

当前网络配置 time to trigger 为 320ms，尝试修改为 256ms，缩短 A3 事件判决时间，修改后经多次测试，问题解决。

4. 案例总结

在 NetArtist CXT/CXA 的诊断信令中可以看到比较详细的内部信令，通过信令的解析可以定位大部分常见问题，在解决问题时需要灵活根据现场情况进行参数调整，达到优化目的。

4.6　掉线率优化

当无线承载建立完成"RRCConnectionReconfigurationComplete"正确到达网络侧后，则本次业务建立成功，在这之后一旦触发 RRC 重建且被拒或者直接转到 IDLE 态，就代表本次业务掉线，也就是说，如果没有对应的"释放过程"，那么就认为掉线。掉线问题的处理思路如图 4-69 所示。

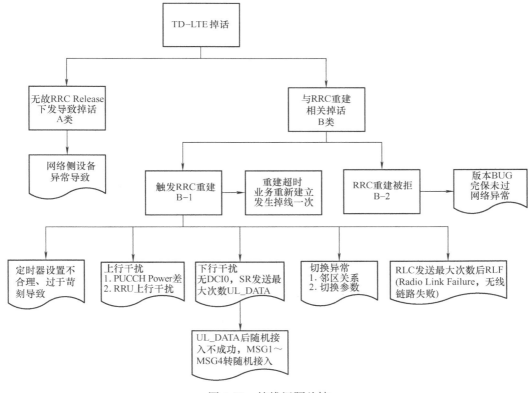

图 4-69　掉线问题总结

对于掉线问题，首先判断的就是覆盖和干扰，利用 NetArtist CXT/CXA 查看下行 RSRP、SINR 值，通常 RSRP＜－115 且 SINR＜－3 掉线比例较高；其次利用基站侧检测工具查看上行干扰。

下面先对触发 RRC 重建的原因进行分析。

4.6.1　重建原因

1. 定时器设置不合理

重建相关定时器见表 4-21。

表 4-21　定时器相关参数优化建议值

字段名称	优化值	字段中文含义
byT310 _ Ue	2000ms	UE 监测无线链路失败的定时器长度（T310 _ UE）
byT311 _ Ue	30000ms	UE 监测到无线链路失败后转入 IDLE 状态的定时器长度（T311 _ UE）
byT300	2000ms	UE 等待 RRC 连接响应的定时器长度（T300）
byT301	2000ms	UE 等待 RRC 重建响应的定时器长度（T301）
byT302	1s	UE 收到 RRC 连接拒绝后等待 RRC 连接请求重试的定时器长度（T302）
byT304	1000ms	UE 等待切换成功的定时器长度（T304）
byT304 _ Cco	4000ms	UE CCO 到 GRAN 的定时器长度（T304）
byT320	5min	小区重选优先级定时器长度（T320）
byN310	6 个	UE 接收下行失步指示的最大个数（N310 _ UE）
byN311	1 个	UE 接收下行同步指示的最大个数（N311）

这类参数都有相对固定的取值，如发生掉线问题可根据案例查看相关时段是否合理，再结合所有掉线对定时器做全局考虑修改调整。

2. 上行干扰

上行干扰包含用户间的上行干扰、设备自身异常处理的上行干扰以及频段的干扰，通常上行干扰主要表现为切换失败、重建失败、发生掉线。

3. 下行干扰

系统内的下行干扰是产生掉线的原因之一，通常表现为无主覆盖小区，服务小区与邻区 RSRP 较好，数值基本接近，但 SINR 较差，导致解调信号变弱，易失步，因此会触发重建过程，如果重建不成功则产生掉线。由于此处采用全向天线，无法对天面参数调整，对于下行干扰只能采用降功率方式以及超级小区暂时解决。但是对于其他站点，通常处理方式优先顺序是：

1）天面调整；
2）覆盖切换类参数调整；
3）功率调整。

4. 切换准备问题

通常情况下如果 UE 上报 MR 时机不佳，则会伴随着服务小区信号衰减抖动过快，导致掉线。这种情况是由于无法满足切换条件或者切换过早造成的。切换的参数包括 A3 _ offset、TTT、Hysteresis，如果这三个参数设置过于苛刻或过于简单，都会导致切换时机不佳造成掉线。

5. 有 MR 但无重配

UE 具备全频段所有小区探测能力，只要达到上报条件，就会有 MR 上报，但如果后台没有对服务小区配置合理正确的邻区关系，就无法从网络侧收到切换命令，无法切换。在信令上主要表现在 UE 上报多个 MR 后没有收到切换命令，导致无线链路超时造成掉线。

4.6.2　UE 触发重建

UE 触发重建后，如果重建失败，将计为掉话。协议中定义的 UE 触发重建原因如下：

1）无线链路失败；

2）切换等待定时器超时导致，或其他原因导致的切换失败；

3）完整性检查失败；

4）RRC 重配失败。

通常发生 RRC 重建被拒一般都是由于版本问题、上下行报文错误、设备原因导致。版本问题目前比较少，当前在网运行版本已经比较稳定。对于没有开启 X2 接口的站点，如果重建的站点不是切换过程的源或目的小区，跨站重建会因为上下行报文错误而失败。设备原因导致的重建被拒可以通过监控告警提前发现。

4.6.3　RRCConnectionRelease 掉线

除了以下原因，出现 RRCConnectionRelease 消息计为掉话：

1）系统间切换网络侧释放；

2）用户未激活，网络侧释放资源情况（User Inactivity）；

3）CSFB 的网络侧释放（待确定）。

目前暂时未发现该类掉线，可以暂时不用关注。

4.6.4　定时器不合理导致掉线率上升案例

1. 问题现象

某地在 9 月 12 日将某簇的定时指派定时器从 Infinity 修改为 10240 后，无线掉线率变差，见表 4-22。

表 4-22　掉线率上升

日　期	接通率（%）	无线掉线率（%）	ERAB 掉线率（%）	异频切换成功率（%）	切换成功率（%）
2014/9/7	99.90	0.19	0.16	96.18	99.29
2014/9/8	99.88	0.16	0.12	97.39	99.28
2014/9/9	99.89	0.18	0.14	97.30	99.15
2014/9/10	99.89	0.17	0.13	88.34	99.10

（续）

日　　期	接通率 （%）	无线掉线率 （%）	ERAB 掉线率 （%）	异频切换成功率 （%）	切换成功率 （%）
2014/9/11	99.90	0.17	0.13	96.89	99.16
2014/9/12	99.88	0.38	0.31	89.07	98.99
2014/9/13	99.88	0.28	0.23	86.38	98.76
2014/9/14	99.90	0.26	0.22	93.02	98.98
2014/9/15	99.88	0.31	0.26	91.76	99.06
2014/9/16	99.89	0.38	0.31	89.40	98.93
2014/9/17	99.91	0.57	0.48	92.68	99.03

2. 问题分析

如果定时指派定时器设为非无穷大，则存在以下几个问题：

1）UE 会频繁进入上行失步状态，执行上行同步存在失败的可能，失败后采取的是释放 UE 的操作，引起掉话；

2）在上行失步状态，Rnlc 为防止流程嵌套，对于 ERAB 的建立、修改、释放、切换、重建立等请求采取不做处理的策略，这带来了很大的掉话、切换失败的风险；

3）对于 ERAB 的建立、修改、释放等流程，Rnlc 发出 Rrc 重配消息之后，如果马上收到了 Cmac 上报的失步指示，则释放 UE。

也就是说，如果定时指派定时器设为非无穷大，掉话次数会增多，无线掉线率会变差。

3. 问题解决

9 月 18 日，将定时指派定时器恢复原值，无线掉线率恢复，见表 4-23。

表 4-23　掉线率指标前后对比

日　　期	无线接通率 （%）	无线掉线率 （%）	ERAB 掉线率 （%）	异频切换成功率 （%）	切换成功率 （%）
2014/9/7	99.90	0.19	0.16	96.18	99.29
2014/9/8	99.88	0.16	0.12	97.39	99.28
2014/9/9	99.89	0.18	0.14	97.30	99.15
2014/9/10	99.89	0.17	0.13	88.34	99.10
2014/9/11	99.90	0.17	0.13	96.89	99.16
2014/9/12	99.88	0.38	0.31	89.07	98.99
2014/9/13	99.88	0.28	0.23	86.38	98.76
2014/9/14	99.90	0.26	0.22	93.02	98.98
2014/9/15	99.88	0.31	0.26	91.76	99.06
2014/9/16	99.89	0.38	0.31	89.40	98.93
2014/9/17	99.91	0.57	0.48	92.68	99.03
2014/9/18	99.89	0.35	0.30	87.75	98.80
2014/9/19	99.84	0.18	0.13	87.51	98.87
2014/9/20	99.88	0.18	0.13	89.03	98.92

4. 案例总结

在日常优化过程中，如果需要修改某参数，应该先选取部分站点进行验证，确定对网络性能没有影响再全网进行修改。

4.6.5　弱覆盖导致重建失败掉线案例

1. 问题现象

测试终端沿图 4-70 所示路线移动至红圈处发生 RRCConnectionReestablishmentReject。

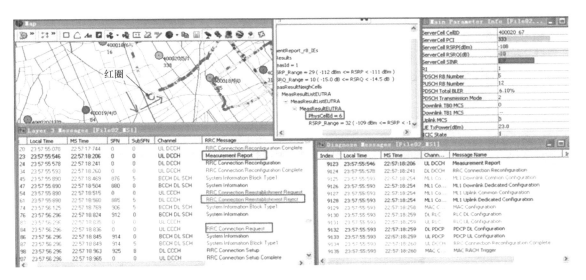

图 4-70　测试中 RRC 重建失败

2. 问题分析

根据信令分析终端在 22：57：18：206 时间上报"MeasurementReport"，目标小区为 400020 67（PCI＝6），测量报告上报后执行"RRC Connection Reconfiguration"，RRC 重建无果后数据业务掉线。核查发现 400020 67（PCI＝333）源小区与 400018 67（PCI＝6）目标小区邻区关系正常，如图 4-71 所示。

UE 在执行"Handover"过程中上报 MSG1 未收到 MSG2，核查源小区与目标小区 RSRP 值均较差，源小区 400020 67（PCI＝333）RSRP 值为－108dBm，目标小区 400018 67（PCI＝6）RSRP 值为－109dBm，在该问题点均为弱场小区。RRC 重建在 400020 67（PCI＝333）小区上，重建无果失败，如图 4-72 所示。

3. 问题解决

增加源小区 400020 67（PCI＝333）RS 功率，改善问题点信号强度，解决弱覆盖问题。

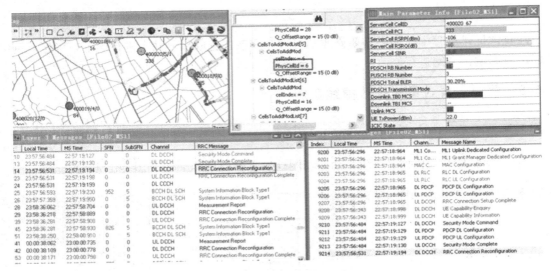

图 4-71　邻区关系配置正确

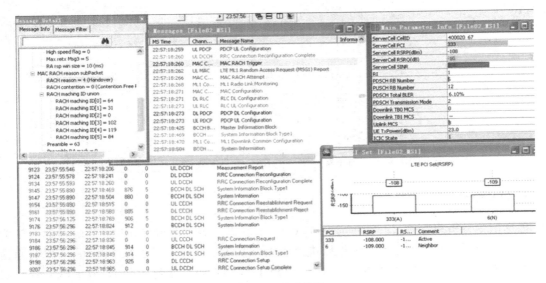

图 4-72　重建失败

4.7　流量优化

　　LTE 网络与以往网络的区别之一在于它是一个建立在纯数据业务上的网络，因此反映数据下载能力的下行流量就成为衡量 LTE 系统性能的一个极其重要的指标。

　　LTE 的改进目标是实现更快的数据速率、更短的时延、更低的成本、更高的系统容量以及改进的覆盖范围。在 3GPP LTE 规范中，明显增加了峰值数据速率，要求在 20MHz 带宽上达到 100Mbit/s 的下行传输速率和 50Mbit/s 的上行传输速率。

4.7.1　子帧配比及特殊子帧配比

子帧及特殊子帧在建网初期就已经确认，全网统一，不能随便修改，见表 4-24 和表 4-25。

表 4-24　子帧配比

配比号	上下行切换周期/ms	子帧配比									
		0	1	2	3	4	5	6	7	8	9
0	5	D	S	U	U	U	D	S	U	U	U
1	5	D	S	U	U	D	D	S	U	U	D
2	5	D	S	U	D	D	D	S	U	D	D
3	10	D	S	U	U	U	D	D	D	D	D
4	10	D	S	U	U	D	D	D	D	D	D
5	10	D	S	U	D	D	D	D	D	D	D
6	5	D	S	U	U	U	D	S	U	U	D

表 4-25　特殊子帧配比

配比号	常规前缀（Normal CP）			扩展前缀（Extended CP）		
	DwPTS	GP	UpPTS	DwPTS	GP	UpPTS
0	3	10		3	8	
1	9	4	1 OFDM symbols	8	3	1 OFDM symbols
2	10	3		9	2	
3	11	2		10	1	
4	12	1		3	7	
5	3	9		8	2	2 OFDM symbols
6	9	3	2 OFDM symbols	9	1	
7	10	2		—	—	—
8	11	1		—	—	—

目前中国移动对于子帧配比和特殊子帧配比的要求如下：

对于 F/D 频段，子帧配比都是 2，1UL：3DL；对于 E 频段，主要用于室内覆盖，除了 1UL：3DL，也可以根据业务情况，使用配比 1，设置 2UL：2DL。

F 频段的特殊子帧配比有 9：3：2、6：6：2、3：9：2 三种选择。配比建议如下：

在同一覆盖区域，当 TD-SCDMA 和 TD-LTE 使用相同厂家的系统设备且为华为或中兴设备时，使用 9：3：2 的配比，本覆盖区域与其他覆盖区域交界处配比为 6：6：2；当 TD-LTE 使用的系统设备为烽火、新邮通等自研设备时，使用 3：9：2 的配比，其他情况下使用 6：6：2 的配比。

D 频段特殊子帧按照 10：2：2 配比。

E 频段有 10：2：2 和 12：1：1 两种配比，其中 10：2：2 可以支持 200RRC 连接/载波，12：1：1 仅支持 100RRC 连接/载波。实际应用中可按照业务量具体选择配比。

4.7.2　调度算法介绍

LTE 系统采用共享信道机制,为了更加有效地利用和分配共享资源,需要在不同用户间进行调度。调度的主要目标是为用户面和控制面的数据分配或回收资源,包括缓冲区资源和空载接口传输资源等。

调度功能可以分为如下几个子任务:物理资源相关选择的决策、资源分配策略以及进行必要的资源管理(功率或者被使用的特定资源块)。调度时需要考虑的因素包括业务的 QoS 需求、用户的无线信道质量、缓冲区状态、用户的功率限制和小区中的干扰情况等,同时需要考虑为了进行小区间干扰协调等而对资源块集合分配过程引入的限制或优先级因素。

在 LTE 系统中,调度功能由调度器完成,调度器位于 eNodeB 的 MAC 层,包括下行调度器和上行调度器,分别负责完成对下行共享信道的资源分配和上行共享信道的资源分配。

1. 下行调度

在 TDD-LTE 系统中,下行调度器通过动态资源分配的方式将物理层资源分配给 UE,可分配的物理资源包括 PRB、MCS、天线端口等,然后在对应的下行子帧通过 C-RNTI 加扰的 PDCCH 发送下行调度信令给 UE。在非 DRX 状态下,UE 一直监听 PDCCH,通过 C-RNTI 识别是否有针对该 UE 的下行调度信令,如果 UE 检测到有针对该 UE 的调度信令,则在调度信令指示的资源位置上接收下行数据。

此外,对于数据块大小和到达周期都相对固定的业务,比如 VoIP 业务,下行调度器还可以为 UE 的 HARQ 进程的初始传输分配半持续下行资源,并通过 SPS C-RNTI 加扰的 PDCCH 向 UE 指示分配的半持续资源,半持续资源的分配周期由 RRC 层配置。半持续调度只用于数据块的初始传输,重传的数据块采用动态调度进行资源分配。在分配了半持续资源的下行子帧上,如果 UE 没有检测到 C-RNTI 加扰的 PDCCH,则默认为使用已分配的半持续资源进行下行数据传输;否则,如果 UE 在分配了半持续资源的下行子帧上检测到了使用 C-RNTI 加扰的 PDCCH,PDCCH 中指示的动态分配资源将会覆盖半持续分配的资源,此时 UE 将不对分配的半持续资源进行接收。

2. 上行调度

在 TDD-LTE 系统中,上行调度器通过动态资源分配的方式将物理层资源分配给 UE,然后在第 $n-k$ 个下行子帧上通过 C-RNTI 加扰的 PDCCH 将第 n 个上行子帧的调度信令发给 UE,即上行调度信令与上行数据传输之间存在一定的定时关系。在非 DRX 状态下,UE 一直监听 PDCCH,并通过 C-RNTI 识别是否有针对该 UE 的上行调度信令,如果有针对该 UE 的调度信令,则按照调度信令的指示在第 n 个上行子帧上进行上行数据的传输。

此外,对于 VoIP 业务,上行调度器还可以为 UE 的 HARQ 进程的初始传输分配半持续上行资源,并通过 SPS C-RNTI 加扰的 PDCCH 向 UE 指示分配的半持续资源,半持续资源的分配周期是由 RRC 层进行配置的。半持续调度只用于数据块的初始传输,数据块的重传采用动态调度进行资源分配。再分配了半持续资源的上行子帧,如果 UE 没有检测到 C-RNTI 加扰的 PDCCH,则默认使用已分配的半持续资源进行上行数据传输;否则,如果 UE 检查到使用 C-RNTI 加扰的 PDCCH,PDCCH 中指示的动态分配的资源将会覆盖半持续分配的资源，此时 UE 使用 PDCCH 指示的动态分配的资源进行上行数据传输。

与下行不同的是，上行的数据发送缓存区位于 UE 侧，而调度器位于 eNodeB 侧，为了支持 QoS-aware 分组调度和分配合适的上行资源，eNodeB 侧需要 UE 进行缓存状态的上报，即 BSR 状态上报，从而使 eNodeB 调度器获知 UE 缓存区状态。UE 上报 BSR 采用分组上报的方式，即以无线承载组（Radio Bearer Group，RBG）为单位上报，而不是针对每个无线承载。上行定义了四种大小的 RBG（分别包含 1 个 PRB、2 个 PRB、3 个 PRB 和 4 个 PRB），RB 与 RBG 的对应关系由 eNodeB 的 RRC 层进行配置。这样，上行调度器可以根据 UE 上报的缓冲区状态进行合理的调度与资源分配。

3. 资源分配策略

资源分配策略有 3 种，分别是 General-PF 算法、轮询算法和 MAX-C/I 算法。

（1）General-PF 算法

General-Proportion Fair，即普通比例公平算法，按照用户的信道质量和历史吞吐率的比例来计算用户优先级，选择具有最大比例公平因子的用户进行调度。基本原则是用户得到的服务质量（吞吐率）和自己的信道质量成正比例关系，同时兼顾每个用户之间吞吐率的公平性。General-PF 算法是三种调度算法中最公平的。

General-PF 算法基本计算公式如下：

$$FF^{PF} = \frac{\sum_{i=1}^{CodeNum} SE(i)}{1 + HistoryThroughput}$$

其中：

① CodeNum 表示当前判定的流数；

② 分子表示由信道质量对应出的频谱效率 SE，实际应用中使用调度时的 MCS 级别对应的 SE，通过查表方式获得，双流时使用两个流的 SE 之和；

③ 分母表示用户的历史吞吐率，实际应用中使用平滑的方式获得，主要分为用户得到调度与没有得到调度时的统计。

（2）轮询（RR）算法

RR（Round Robin），即轮询算法，按照机会均等的策略来对用户进行调度，基本原则是在一段时间内，小区内每个激活用户得到的调度机会相等。

实际应用中使用队列轮转的方式进行调度，初始激活 UE 队列保持不变，从队列的第一个 UE 开始，依次进行调度，每个 TTI 都会记录当前调度到的最后一个 UE 在队列中的位置，下个 TTI 就从该位置的下一个 UE 开始进行调度，以此对所有 UE 进行队列轮转调度。RR 算法的公平性不如 PF 算法，但好于 MAX-C/I 算法。

（3）MAX-C/I 算法

MAX-C/I，即最大载干比算法，使用载干比作为用户的优先级，选择具有最大载干比的用户进行调度。基本原则是优先调度信道质量最好的用户，如果有剩余资源，再对信道质量差的用户进行调度。MAX-C/I 算法的公平性最差，但小区峰值吞吐率最高。

MAX-C/I 算法基本计算公式如下：

$$FF = \sum_{i=1}^{CodeNum} SE(i)$$

式中，CodeNum 表示当前判定的流数。实际应用中使用调度时的 MCS 级别对应的 SE，通过查表方式获得，双流时使用两个流的 SE 之和。

这三种调度算法中，General - PF 最公平，轮询 RR 次之，MAX - C/I 公平性最差。小区总吞吐率 MAX - C/I 最高，General - PF 次之，轮询 RR 最低。

4.7.3 速率计算解析

1. 下行峰值速率

不同终端等级的下行参数见表 4-26。

表 4-26   不同终端等级的下行参数

终端等级	每 TTI 所有 DL - SCH 传输块能够接收的最大比特数	每 TTI 一个 DL - SCH 传输块能够接收的最大比特数	终端 HARQ 缓存大小/bit	下行空间复用的最大层数
Category 1	10296	10296	250368	1
Category 2	51024	51024	1237248	2
Category 3	102048	75376	1237248	2
Category 4	150752	75376	1827072	2
Category 5	299552	149776	3667200	4

下面以 CAT3 等级终端在 20MHz 带宽下，TM3 配置、1/7 配比和 CFI=1 为例来计算下行峰值速率。

1) 分别计算不同子帧下可用业务 RE 数。通过协议及当前配置可知：

子帧 0：CRS=12×100，PBCH=(12×3+8)×6，SSS=12×6，PDCCH=(12×1×100)，总 RE 数=12×14×100；

即实际可用 RE 数=总 RE 数-CRS-PBCH-SSS-PDCCH=14064；

子帧 1：CRS=8×100，PSS=12×6，PDCCH=(12×1×100)，总 RE 数=12×10×100；

即实际可用 RE 数=总 RE-PDCCH-CRS-PSS=9928；

子帧 4：CRS=12×1×100，PDCCH=12×1×100，总 RE 数=12×14×100；

即实际可用 RE 数=总 RE-PDCCH-CRS=14400。

2) 在高阶调制下每个 RE 可承载 6bit（64QAM）数据，即：

子帧 0 可承载数据为 14064×6bit=84384bit；

子帧 1 可承载数据为 9928×6bit=59568bit；

子帧 4 可承载数据为 14400×6bit=86400bit。

3) 根据终端能力等级知道 CAT3 终端每 TTI 支持最大比特数为 102048，那么单流时每一流最大支持 51024bit，协议规定 PHY 层会把超过 6144bit 的 TBS 进行分块，给每块加上 24bit 的 CRC，最后整个 TBS 还要加上一个 TB CRC。

在协议 36.213 的 Transport block size table 表中介绍了不同 MCS 及 RB 对应的 TB-SIZE 大小，根据协议特殊子帧选择 MCS28 会超过 UE 的能力，故选择 27 对应的 46888。

所以实际的终端速率计算如下：

子帧 0：51024bit＋[（51024bit/6144）＋1bit]×24＋24bit＝51264bit；

子帧 1：46888bit＋[（46888bit/6144）＋1bit]×24＋24bit＝47104bit；

子帧 4：51024bit＋[（51024bit/6144）＋1bit]×24＋24bit＝51264bit。

4）根据协议需要计算实际值是否满足≤0.93 门限。

子帧 0：51264/84384＝0.608＜0.93 门限；

子帧 1：47104/59568＝0.79＜0.93 门限；

子帧 4：51264/86400＝0.59＜0.93 门限。

5）当前网络配置下下行速率如下：

（51024bit×400＋46888bit×200）×2＝59574400bit。

2．上行峰值速率

上行计算与下行计算相似，不同终端等级的上行参数见表 4-27。

表 4-27　不同终端等级的上行参数

终端等级	每 TTI 一个 UL－SCH 传输块能够 发送的最大比特数	上行是否支持 64QAM
Category 1	5160	No
Category 2	25456	No
Category 3	51024	No
Category 4	51024	No
Category 5	75376	Yes

下面以 CAT3 等级终端在 20MHz 带宽下，TM3 配置、1/7 配比和 CFI＝1 为例来计算。

1）求每一上行子帧可用 RE 数。

DMRS＝96×12×2，总 RE＝96×12×14；

实际可用 RE 数＝总 RE－DMRS＝13824。

2）在高阶调制下每个 RE 可承载 4bit（16QAM）数据，即：

每个上行子帧可承载数据为 13824×4bit＝55296bit。

3）每上行 TTI 内实际终端上行速率为

51024bit＋[（51024bit/6144）＋1bit]×24＋24bit＝51264bit。

4）根据协议需要计算实际值是否满足≤0.93 门限：

51264/55296≈0.927。

5）当前网络配置下上行速率如下：

51024bit×400＝20409600bit。

4.7.4　上下行数据处理流程

数据处理流程包括数据发送处理和数据接收处理两部分内容。另外，根据 PDCP 实体传输的 RB 类型以及 RB 所对应的 RLC 层传输模式的不同，数据处理过程也存在差别。为了支持对应于 RLC AM 模式数据的无损切换，发生 PDCP 重建时，PDCP 需要对没有发送成功的数据进行重传，PDCP 层在重建时的操作和通常情况下的数据处理流程也存在一些差异。TDD－LTE 规范中仅对 UE 侧 PDCP 的操作进行限定，以下内容以 UE 侧的数据处理过程进行说明，网络侧实现可参考 UE 侧处理过程。

1. 数据发送处理

PDCP 层从高层接收到数据包（PDCP PDU）后的数据发送处理流程如图 4-73 所示。

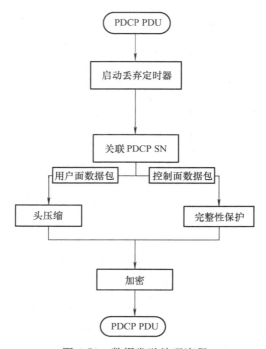

图 4-73　数据发送处理流程

1）为数据包关联一个丢弃定时器，丢弃定时器用于在定时器超时后，如果对应的数据包仍在缓存，那么对数据包进行删除操作，以避免发生缓存溢出；

2）为数据包关联一个 PDCP 层序列号（Sequence Number，SN）；

3）如果处理的是用户面数据包，且配置了头压缩时，那么需要对接收到的数据包进行头压缩操作，控制面数据包不执行头压缩过程；

4）如果处理的是控制面数据包，且 UE 的安全性已激活，那么需要对接收到的数据包进行完整性保护操作，用户面数据包不执行完整性保护过程；

5）当 UE 的安全性激活后，需要对发送的数据包进行加密处理；

6）将经过上述处理的数据包递交给低层。

2. 数据接收处理

数据接收时，SRB 和 DRB 的处理方式存在较大差异。对于 DRB 来说，对应的 RLC 层处理模式不同，其在 PDCP 层的处理方式也不同。

（1）对应于 RLC AM 模式的 DRB

AM 模式的 DRB 处理流程如图 4-74 所示。

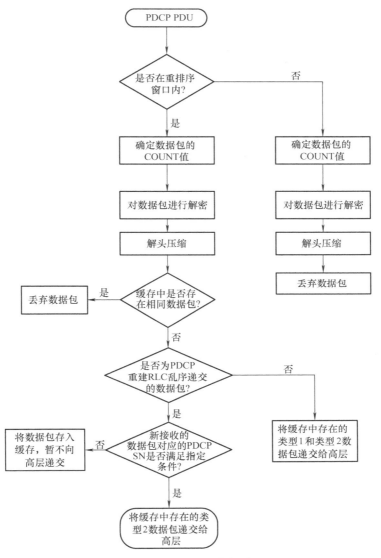

图 4-74　AM 模式 DRB 数据处理过程

对应 RLC AM 模式的 DRB 数据包，PDCP 层需要提供重排序和重复消除功能。PDCP 层从低层收到数据包后的处理流程如下：

① 判断接收到的数据包是否处于重排序窗口内，如图 4-75 所示。

重排序的窗口的下边界为最近一次向高层递交的 PDCP SDU 对应的 PDCP SN，窗口长度等于长 PDCP 序列号（12bit）空间的一半（即 2048）。

② 确定数据包对应的 COUNT 值，并采用确定的 COUNT 对数据包进行解密。

③ 如果配置的头压缩，那么需要对接收到的数据进行解头压缩。

④ 如果数据包位于重排序窗口外，那么将数据包解压后丢弃；如果数据包位于重排序

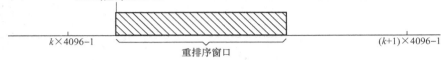

图 4-75　判断数据包是否处于重排序窗口

窗口内，则进一步判断缓存中是否已存在接收到的相同数据包。如果存在则丢弃，否则将数据包放入缓存。

完成上述 4 个操作步骤后，检查数据包状态，若接收到的数据包不是 PDCP 重建时 RLC 乱序递交的数据包，那么将缓存中存在的以下数据包递交给高层：

① 所有 COUNT 值小于新接收数据包对应 COUNT 值连续的数据包；

② 从新接收的数据包开始往后 COUNT 值连续的数据包。

若接收的数据包为 PDCP 重建时 RLC 乱序递交的数据包，且满足新接收数据包对应的 PDCP SN 等于最近一次向高层递交的 PDCP SDU 对应的 PDCP SN+1，需要将缓存中存在的以下数据包递交给高层：从新接收的数据包开始往后 COUNT 值连续的数据包。

当接收的数据包为 PDCP 重建时 RLC 乱序递交的数据包，且不满足上述条件时，仅将接收到的数据包存入缓存，暂不向高层递交。

（2）对应于 RLC UM 模式的 DRB

对应于 RLC UM 模式的 DRB 的数据包，PDCP 不需要提供重排序和重复消除功能。PDCP 层从底层接收到数据包后，处理流程如图 4-76 所示。

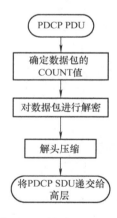

图 4-76　收到 UM 模式 DRB 后的处理流程

具体流程如下：

① 确定数据包对应的 COUNT 值，并采用确定的 COUNT 对数据包进行解密；

② 如果配置了头压缩，对接收到的数据包进行解头压缩；

③ 将经上述处理后的数据包递交给高层。

（3）SRB

PDCP 层从底层接收到控制面（SRB）数据包后的处理流程如图 4-77 所示。

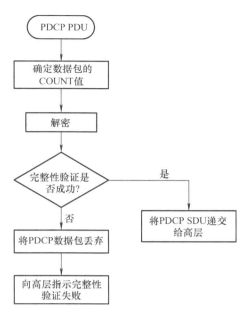

图 4-77 收到 SRB 后的处理流程

具体流程如下：

① 确定数据包对应的 COUNT 值，如果安全性已激活，采用确定的 COUNT 值对数据包进行解密和完整性验证；

② 如果完整性验证成功或安全性未激活，则将处理后的数据包递交给高层；否则，如果完整性验证失败，则向高层指示完整性验证失败，由高层处理。

4.7.5 PDCP 状态报告

PDCP 状态报告机制只应用于映射到 RLC AM 的 DRB，用于通知发送端在 PDCP 重建完成时接收端已接收到数据包信息，以减少 PDCP 重建完成后不必要的重复数据包传输，以下为 UE 侧的状态报告收发处理过程，网络侧可参考 UE 侧处理过程。

1. 状态报告发送

当高层请求重建 PDCP 时，如果无线承载被高层配置在上行链路发送状态报告，那么UE 将在处理完从底层接收到的由于重建而 RLC 乱序递交的 PDCP PDU 后按照以下方式编辑一个状态报告，作为重建后 PDCP 发送的第一个 PDCP PDU 递交给低层，状态报告内容如图 4-78 所示。

1) 在第一个丢失的 PDCP 序列号（First Missing PSCP SN，FMS）域中填写第一个没有接收到的 PDCP SDU 的 PDCP SN。

2) 如果至少存储了一个乱序的 PDCP SDU，那么在状态报告中设置一个比特映射（Bitmap）域。比特映射域中的比特长度等于从第一个丢失的 PDCP SDU 开始（但不包括）到最后一个乱序的 PDCP SDU，比特映射域的比特长度向上取整到 8 的整数倍。

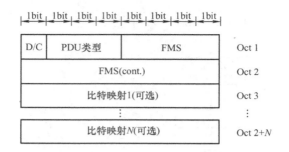

图 4-78　PDCP PDU 状态报告

3）对没有接收到的 PDCP SDU 在比特映射中对应的比特位上添"0"，可以将解头压缩失败的 PDCP SDU 对应的比特映射域中对应的比特位上也添"0"。

4）在比特映射中的其他比特位上添为"1"。

2．状态报告接收

当在映射到 RLC AM 模式的 DRB 上接收到一个 PDCP 状态报告时，对于对应状态报告的比特映射中的比特位等于"1"，或者所关联的 COUNT 值小于 FMS 域指示的 COUNT 值的 PDCP SDU，则被认为已成功发送给接收端，UE 根据 PDCP 丢弃机制对这些 PDCP SDU 进行处理。

3．PDCP 丢弃机制

为了防止缓存溢出，PDCP 设置了对 PDCP SDU 的丢弃机制。当从高层接收到一个新的 PDCP SDU 时，为每个新接收到的 PDCP SDU 启动一个丢弃定时器。当 PDCP SDU 对应的丢弃定时器超时时，或者通过 PDCP 状态报告证实 PDCP SDU 已被成功发送，PDCP 丢弃对应的 PDCP SDU 以及和它相关联的 PDCP PDU。如果对应的 PDCP PDU 已经递交给低层，则向低层指示丢弃操作。

4.7.6　流量问题处理思路

流量问题处理思路如图 4-79 所示。

首先检查问题区域是否存在告警，再检查该区域无线环境是否存在干扰或弱覆盖，若都没问题则需要从参数和传输上进行定位。

1．检查基站告警

基站告警检查需要查询问题区域基站历史告警和当前存在告警，重点检查以下告警：

1）S1 口、BBU 与 RRU 直接传输类告警；

2）功率类告警；

3）GPS 失锁类告警（包括问题区域附近小区基站 GPS 类告警都要核查）。

目前常见的影响流量的告警见附录 B。

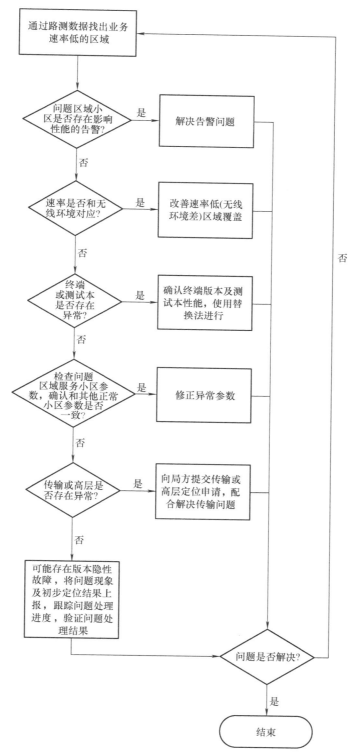

图 4-79　流量问题处理思路

2. 无线环境检查

无线环境差即表现为有较强干扰或者弱覆盖,弱覆盖一般通过覆盖优化手段进行调整,在前面覆盖优化部分已经介绍过。

干扰问题可分为系统内干扰和其他干扰源带来的干扰,下面做简单介绍。

(1) 系统内干扰

1) 系统内上行干扰一般是由终端的上行业务带来的,也可能是由其他 GPS 失锁的小区带来的。对于终端带来的上行干扰可通过适当的参数配置进行优化,对于系统影响最严重的则是基站的 GPS 失锁带来的干扰,此部分可通过告警进行核查,通过网管的配置进行优化。

2) 系统内下行干扰一般是由基站小区间干扰和附近其他终端下行业务带来的干扰,小区间干扰可通过合理的覆盖优化手段进行优化,终端下行业务干扰可通过合理的参数配置进行优化。

(2) 其他干扰源

其他干扰源是除 LTE 系统外,其他通信系统或无线信号源对 LTE 通信系统的干扰。

对于具体干扰问题的判断和干扰源定位主要有以下方法:

(1) 上行干扰判断方法

查询当前基站上行接收底噪,正常值应小于－110dBm;查看噪声是集中在某些 RB 还是所有 RB 都有干扰,参见表 4-28 和图 4-80。

表 4-28 所有 RB 底噪都较高

RB0～RB9 平均噪声干扰/dBm	RB10～RB19 平均噪声干扰/dBm	RB20～RB29 平均噪声干扰/dBm	RB30～RB39 平均噪声干扰/dBm	RB40～RB49 平均噪声干扰/dBm	RB50～RB59 平均噪声干扰/dBm	RB60～RB69 平均噪声干扰/dBm	RB70～RB79 平均噪声干扰/dBm	RB80～RB89 平均噪声干扰/dBm	RB90～RB99 平均噪声干扰/dBm
－113	－112	－101	－116	－117	－115	－113	－114	－116	－115
－114	－113	－97	－114	－116	－114	－109	－114	－115	－115
－116	－114	－97	－114	－117	－115	－109	－115	－116	－115
－116	－104	－107	－115	－113	－116	－112	－112	－109	－112
－115	－101	－107	－108	－97	－112	－113	－112	－108	－112
－115	－103	－114	－116	－116	－115	－116	－112	－106	－112
－115	－108	－116	－110	－117	－116	－116	－113	－106	－109
－94	－94	－94	－93	－87	－94	－92	－90	－92	－94
－94	－94	－94	－94	－89	－94	－93	－90	－93	－95
－94	－97	－97	－97	－96	－97	－95	－91	－96	－98
－107	－108	－108	－108	－106	－108	－103	－97	－103	－108
－111	－112	－111	－112	－110	－111	－107	－103	－104	－111

(2) 下行干扰判断方法

下行干扰比较容易判断,在使用路测工具进行测试时,如果发现 SINR 与主服务小区及邻区测量结果相差较大,即可初步加以判断。

(3) 干扰源定位

可以选取闲时进行闭站操作,再采用频谱分析工具进行清频测试。

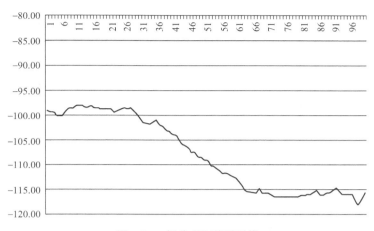

图 4-80　部分 RB 受到干扰

4.7.7　QCI 设置问题导致的流量异常问题案例

1. 故障现象

在某外场测试中出现一系列流量异常现象，这些现象包括以下几点：

1）较难接入；

2）接入后下行速率低（如正常峰值速率应该为 60Mbit/s，而区域实测数据只有 30Mbit/s 左右）；

3）速率短时间内陡降；

4）PING 包时延不稳定。

2. 问题分析

1）将测试点选取为近点，排除由于弱覆盖或者强干扰引起的流量异常。

2）分别更换了不同种类的终端，发现无论是使用国民技术股份有限公司、深圳市中兴微电子技术有限公司还是美国高通（Qualcomm）公司芯片的终端都存在该问题，排除了由于终端问题带来的异常情况。

3）进行终端侧的 wireshark 抓包，确认下来的包就只有 20Mbit/s 左右，基本完全排除终端问题；重点怀疑传输，直接在 eNodeB 处计算机进行 FTP 下载，确认带宽基本够；然后进行灌包测试，终端收包丢包严重，继续怀疑传输。但是经过 TCP 优化、MTU 修改、网口速率修改、iperf 进行不同长度报文灌报等各种实验发现实际问题与传输关系不大。

4）前后台继续使用抓包工具进行分析，抓取了 UE 侧信令和基站侧 DSP 打印信令，Traceme 打印与流量好时无差别（正常情况下也会打印两条关于 SRS 的 ERROR）。将 4 个 DSP 打印进行分析得知，从基站侧看上行信道质量并未发生变化，没有 BLER；但是 MCS 一直在下降，与 UE 侧看到的现象一致；同时从 UE 侧 LOG 确定 PUSCH 并没有重传，基本都是新传；PDCCH 信道对应的 MCS 也都是 10 左右，并没有重传对应的 30、31（重传时 PDCCH 信道使用的 MCS 为 29~31）。因此可以确定 MCS 下降并不是因为信道质量差或者 BLER 造成的。

5）后来又确定了一下 UE 上报的 BSR，通过 UE 侧 LOG 确定 UE 上报的 BSR 为 BSR LCG0=63，并不是默认承载的 LCG3，而目前的配置下"默认承载是 LCG3，而 LCG0 是信令，走的是信令的调度，信令调度不统计 ACK，只统计 NACK"，因此造成了 MCS 的下降。

3. 问题解决

至此怀疑是核心网 QCI 设置问题，将核心网的 QCI=5 修改成 QCI=9，再重新接入，此时 BSR LCG3=63，流量、时延等异常现象消失，问题解决。

4.7.8 异频测量引起的流量问题案例

1. 问题现象

在某区域进行移动下载测试时发现整体覆盖率较好，RSRP＞－110＆SINR＞－3 为 98%左右，但测试下载速率较低，平均下载速率只有 17.122Mbit/s，远远达不到应有的 30Mbit/s 左右，如图 4-81 所示。

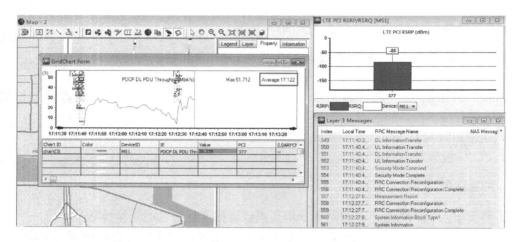

图 4-81　异频测量问题现象

2. 问题分析

1）首先覆盖率是达标的，排除由于覆盖率差导致的流量低情况；

2）后台检查了所以站点，站点状态一切正常，站点数据配置也没有问题；

3）选取近点进行下载业务，发现在近点、强场、直射路径情况下也能达到当前配置的峰值流量 60Mbit/s 左右，即也排除掉传输或者服务器问题。

再次分析测试 LOG 发现：

① 在切换到 PCI=296 小区后，终端上报了一个 MeasID=1 的测量报告（触发异频测量），基站下发重配开始流量一直维持在 8Mbit/s 左右，即使 SINR 有比较明显的提升流量也没有相应提升；

② 随着场强进一步抬升，又触发了 MeasID=3 的测量报告（关闭异频测量），紧接着接收到重配消息后流量迅速短时间内抬升至 57Mbit/s 左右。

3. 问题处理

1）异频测量 GAP（测量间隙）对单用户速率的影响理论分析。

GAP 模式分为 40ms 周期和 80ms 周期两种，GAP 测量长度均为 6ms，现网使用 40ms 周期，如图 4-82 所示。

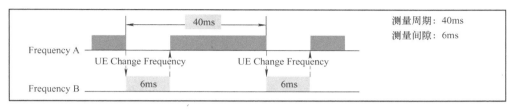

图 4-82　异频测量 GAP 位置

Gapoffset 定义了测量周期的开始，协议 36.331 规定 GAP 测试开始位置的帧号及子帧号如下：

SFN mod T＝FLOOR(GapOffset/10)

subframe ＝GapOffset mod 10

T＝MGRP/10

6ms 的测量 GAP 期间，终端无法进行上/下行数据传输，且由于 6ms 的 GAP 中存在 UL 子帧，这些 UL 子帧用作前面特定的 DL 子帧的 ACK/NACK，因此与这些 UL 子帧相对应的 DL 子帧也不可以传数据。

按照 36.313 和 36.213 协议，2∶7（子帧 3∶1，特殊子帧 10∶2∶2）配比在一个测量周期内（40ms 内只有前两帧受影响），图 4-83 中 ▇ 和 ▢ 表示的子帧不能被用于下行调度，共 5 种场景。

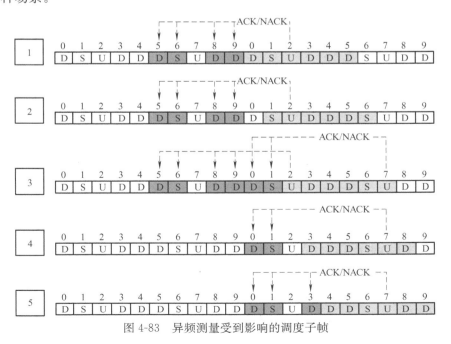

图 4-83　异频测量受到影响的调度子帧

异频测量造成下行调度率平均损失 26%，具体每种场景下行调度损失见表 4-29。

表 4-29 不同场景下行调度损失

场 景	DL 调度次数	影响比例（%）
1	575	28
2	575	28
3	550	31
4	625	22
5	600	25

2）本次测试中在打开异频测量后速率从 60Mbit/s 下降到 8Mbit/s，远大于理论上 26% 左右的平均损失。后来经过终端确认，使用此型号基带芯片的终端在打开异频测量后，存在明显性能下降情况，是芯片底层算法存在缺陷。

3）最终将网络中异频起测门限修改至 −110dBm（即在强场环境不会打开异频测量）后网络平均速率恢复至 29.4Mbit/s，达到正常水平，如图 4-84 所示。

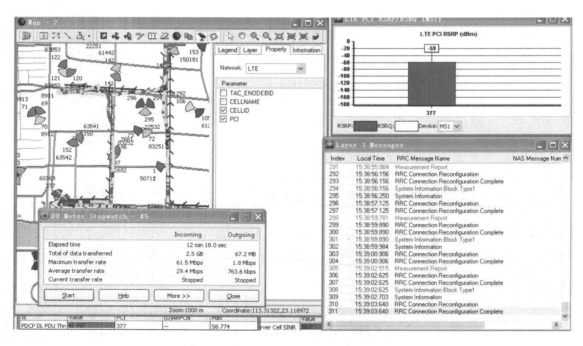

图 4-84 修改异频起测门限后的测试结果

4.7.9 最大下载速率小于 5Mbit/s 问题案例

1. 问题现象

从路测数据来看，某路段目前切换关系是 PCI=32→PCI=64→PCI=41→PCI=64，在

PCI＝41 的小区和 PCI＝64 的小区间存在乒乓切换，引起掉话，业务发起重建，从而导致速率偏低，如图 4-85 所示。

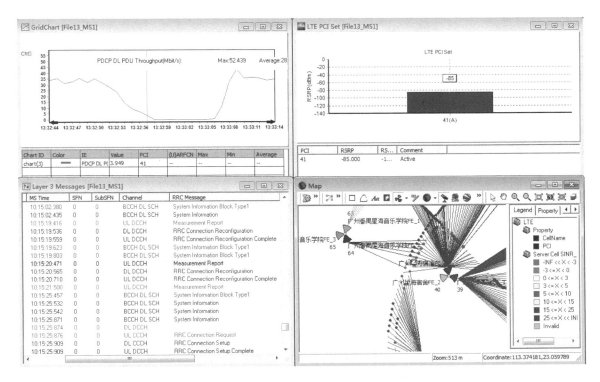

图 4-85　乒乓切换导致速率偏低

2. 问题分析

PCI＝64 的小区是覆盖校园小区，覆盖该路段的距离非常小，PCI＝41 的小区向 PCI＝64 的小区切换时，PCI＝64 的小区信号衰减很快，SINR 很差，导致掉话，重建期间业务无流量。

3. 问题处理

该路段主要是由于乒乓切换失败造成掉话，重新建立业务，所以流量低，解决乒乓切换，是解决该路段低速率问题的方法。由于 PCI＝64 的小区是覆盖校园小区，在该路段覆盖较小，受建筑物阻挡衰减快，所以避免 PCI＝64 的小区在该路段的覆盖可以解决该路段的问题，建议把 PCI＝64 的小区下倾角压低 3°，或者降低 PCI＝64 的功率，使 PCI＝64 不覆盖该路段，该路段切换关系为 PCI＝32↔PCI＝41，提升该路段 SINR。

PCI＝64 的小区功率降低 3dB 后，不覆盖该路段，乒乓切换小时，掉话未复现，流量恢复正常。

知识归纳

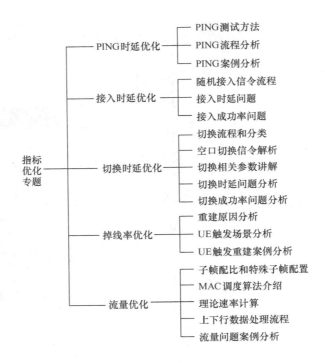

知识要点

1）PING 流程 MAC 调度过程（SR、BSR、DCI0、DCI1）和 Uu 口信令分析；

2）随机接入信令流程分析（MSG0～MSG4、SRB0、SRB1、SRB2、DRB、默认承载和专用承载）；

3）切换信令流程分析（X2 接口、S1 接口；测量控制下发、测量执行、测量报告上报、切换资源准备、切换命令下发、切换执行和新小区接入）；

4）切换相关事件（A1～A5、B1～B2）和参数（事件触发类型、触发条件、阈值）介绍；

5）UE 触发重建原因（无线链路失败、切换等待定时器超时、完整性检查失败、RRC 重建失败），常见掉线原因分析及其在信令上的体现；

6）TD-LTE 子帧配比及特殊子帧配置、MAC 层调度算法（普通比例公平算法、轮询算法、最大载干比算法）、理论上下行速率计算；

7）上下行数据处理流程和流量问题处理流程。

自我测试

一、填空

1. PING 测试的环回时延包括_____和_____两部分。

2. 如果 PING 包是 32B，那么携带 PING 包请求的 PUSCH Tx Report 消息，再加上包头等信息后，实际包大小 PUSCH TB Size（B）=_____。

3. LTE 网络中，依据 RRC 连接情况，UE 状态有_____和_____。

4. 在 LTE 网络中，SRB0 和 SRB1 都可以传递 RRC 信令，_____和_____可以传递 NAS 信令。

5. 一个小区可用的 Preamble 码有_____个。

6. 前导码（Preamble）可以分为_____、_____和_____。

7. RRC_IDLE 状态下，UE 的测量参数信息通过系统消息下发，RRC_CONNECTED 状态下，EUTRAN 通过_____向 UE 下发测量配置。

8. LTE 支持的切换事件有 A 类和 B 类，其中 A 类用于_____测量，B 类用于_____测量。

9. LTE 测量控制流程可以分为_____、_____和_____ 3 步。

10. LTE 切换流程可以分为_____、_____和_____ 3 步。

二、判断

1. 在 LTE 网络优化测试中使用 PING 测试主要是为了检测终端与 FTP 服务器是否连通。（　　）

2. PING 测试中为了回避 eNodeB 和核心网之间传输网对时延的影响，可以直接 PING eNodeB 的 IP 地址来测试无线空口时延。（　　）

3. 测试时 UE 需要找到一个理想的测试点，通常 PING 包测试中要求测试 UE 所在测试点的 SINR 大于 -3dB 便可以。（　　）

4. 要 PING IP 为 74.125.235.176 的服务器，PING 包大小为 512B、PING 次数为 10 次，命令为 PING 74.125.235.176 - 1512 - t10。（　　）

5. 在一次完整的 PING 测试流程中，UE 会发送两个 PUSCH Tx Report 消息，分别携带 BSR 消息和 PING 报文。（　　）

6. 如果 PING 包大小是 56B，那么在 PUSCH TX report 中发送 PING 报文的 PUSCH TB SIZE 也是 56B，不需要加包头等打包信息。（　　）

7. DCI0 用于指示给 UE 分配的 PUSCH 信道，DCI1 用于指示给 UE 使用的 PDSCH 信道信息。（　　）

8. LTE 上行 UL - grant 是先申请，再使用；而 DL - grant 是边指示，边使用。（　　）

9. MSG1～MSG4 都是在随机接入流程中发送的，MSG4 的主要作用是竞争解决。（　　）

10. 竞争和非竞争的随机接入流程都有 MSG0。（　　）

11. 当前中国移动 LTE 网络中，初始接入和 RRC 重建采用的是基于竞争的随机接入，切换优先采用的是基于非竞争的随机接入。（　　）

12. GSM 网络的测量报告是周期性上报，而 LTE 网络的测量报告可以是周期性上报也可以是事件触发的。当前 LTE 网络中只有事件触发的测量报告才能触发切换。（　　）

13. LTE 网络中 A3 事件的触发条件是满足 $Mn+Ofn+Ocn-Hys>Ms+Ofs+Ocs+Off$。（　　）

14. LTE 网络中 A2 事件的触发条件是满足 $Ms<$ 门限且维持 Time to Trigger 时长。（　　）

三、选择

1. 以下用于指示 UE PDSCH 信道的 DCI 信息有（　　）。

A. DCI0　　　　　　　B. DCI1　　　　　　　C. DCI1A

D. DCI1B　　　　　　E. DCI2

2. 以下信令可以承载在 SRB0 上的有（　　　）。

A. RRC Connection Request　　　　　　　　B. RRC Connection Setup

C. RRCConnection Reconfiguration　　　　　D. MeasurementReport

E. DLInformationTransfer

3. 以下信令可以承载在 SRB1 上的有（　　　）。

A. RRC Connection Request　　　　　　　　B. RRC Connection Setup

C. RRCConnection Reconfiguration　　　　　D. MeasurementReport

E. DLInformationTransfer

4. 以下消息属于随机接入过程的是（　　　）。

A. MSG0　　　　　　　B. MSG1　　　　　　　C. MSG2

D. MSG3　　　　　　　E. MSG4

5. 以下消息中可能是 MSG3 的是（　　　）。

A. RRC Connection Request

B. RRC Connection Setup

C. RRCConnectionReconfigurationComplete

D. RRCConnectionReconfiguration

E. DLInformationTransfer

6. LTE 网络中测量报告上报方式可能是（　　　）。

A. 事件触发一次上报　　　　　　　　　　　B. 事件触发周期上报

C. 周期性上报　　　　　　　　　　　　　　D. 实时上报

E. 重复上报

7. 以下控制信息在测量配置（MeasureConfigure）中下发的是（　　　）。

A. 测量对象（measure object）　　　　　　B. 报告配置（configure report）

C. 测量标识　　　　　　　　　　　　　　　D. 测量 GAP

E. 测量量（quantityConfig）

8. LTE 的测量报告中，下面事件中哪个表示服务小区信号质量高于一定门限，将触发 eNodeB 下发停止异频/异系统测量命令？（　　　）

A. Event A1　　　　B. Event A2　　　　C. Event A3　　　　D. Event A4

9. TD-LTE 如果采用室外 D 频段组网，上下行子帧配比为 1∶2，特殊时隙配置为（　　　）。

A. 10∶2∶2　　　　B. 3∶9∶2　　　　C. 11∶1∶2　　　　D. 9∶3∶2

四、名称解释

SR、BSR、DCI、SRB、DRB、ERAB。

五、简答

1. 给出 PING 测试的大致信令流程（连接态调度流程）。

2. 给出基于竞争/非竞争的随机接入过程。

3. 给出 eNodeB 内切换的信令流程。

六、计算

手机收到的系统消息中最大发射功率是 23dBm，关于 Rach 的配置如图 4-86 所示。

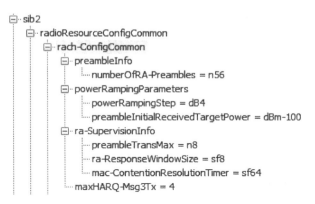

图 4-86　系统消息中 Rach 信道配置

Preamble 的初始发射功率计算公式如下：

$$Pprach = min(Pmax, PL + Po\_pre + \Delta\_preamble + (N\_pre - 1) * dP\_rampup)$$

求解：

1）该小区可用于竞争性接入的 Preamble 个数是多少？

2）假定路径损耗为 120dB，给出 UE 第一次和第二次发送 Preamble 时设定的功率分别是多少？

127

第5章　LTE业务优化

目标导航

1. 了解 2G/3G 与 4G 互操作方式；
2. 理解小区选择的 S 准则和小区重选的 R 准则；
3. 理解不同优先级 RAT 间重选测量启动条件；
4. 重定向消息流程和触发机制；
5. 了解 LTE 网络语音业务的方案；
6. 了解主/被叫 CSFB 业务流程，能够解读消息中 CSFB 相关参数；
7. 了解主被叫 SR－VCC 流程，能够解读 SR－VCC 业务相关消息，能够解读 UE 侧解码的相关 IMS SIP 消息；
8. 通过消息解读，分析发现 CSFB/SR－VCC 业务相关问题。

教学建议

内　　容	课时	总课时	重点	难点
5.1　LTE 与 2G/3G 互操作				
5.1.1　中国移动系统间互操作策略	4			
5.1.2　小区选择与重选			√	
5.1.3　重定向	2			√
5.2　语音方案		18		
5.2.1　CSFB	2		√	
5.2.2　SR－VCC	4		√	√
5.2.3　CSFB 案例分析	2			
5.2.4　VoLTE 切换准备案例分析				
5.2.5　VoLTE 掉话案例分析	4		√	

内容解读

随着 LTE 部署的深入，在覆盖广度和深度上与现有的 2G/3G 网络存在部分重叠的同时，也有部分是互为补充。在 LTE 网络优化工作中，要合理设置和现网 2G/3G 网络的互操作原则，要考虑最大限度地减少 LTE 系统引入后对 2G/3G 系统的影响。本章结合中国移动 2G/3G 和 4G 互操作原则和语音业务解决方案来深入探讨系统互操作涉及的业务流程和相关参数。

5.1　LTE 与 2G/3G 互操作

在 LTE 网络部署的初期，2G/3G 网络的覆盖要远远大于 LTE 网络的覆盖，并且 LTE 网络的覆盖多采用热点覆盖，UE 会频繁在 LTE 网络与 2G/3G 网络间移动。需要终端设备与不同网络的系统设备支持不同 RAT 间的移动性管理功能，包括 RAT 间的小区重选与切换、NACC（EUTRAN to GERAN）、重定向等移动性过程。

5.1.1　中国移动系统间互操作策略

系统间重选和切换等互操作策略需要根据覆盖、负荷和业务多维度整体考虑，在网络覆盖以及业务发展的不同时期会采用不同策略或策略组合，同时还要考虑运营商的放号策略，并不是简单的几种或固定不变的。

下面重点列出针对中国移动（TD-LTE、TD-SCDMA、GSM 混合组网）的几种最基本的策略。

1. 开机选择

开机优选 TD-LTE，在具有 TD-LTE 覆盖时，能够保证良好的业务质量。

2. 互操作优先级（开机优选 TD-LTE）

当终端移动出 LTE 覆盖区域后，优先在 TD-SCDMA 网络驻留/继续业务（若支持 TD-SCDMA），若无 TD-SCDMA 网络则选择 2G 网络，当终端重新检测到 LTE 覆盖后，则返回 LTE 网络，如图 5-1 所示。

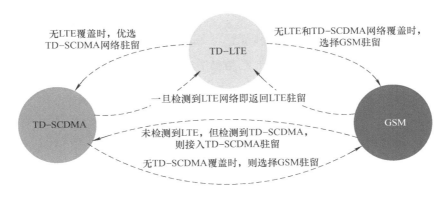

图 5-1　中国移动互操作策略

互操作方式按终端所处状态可以分为空闲态互操作和连接态互操作。空闲态的互操作就是重选，连接态的互操作有切换、CCO 和重定向。

切换在前面已经做过详细的介绍，CCO 目前在中国移动网络中没有使用。下面对重选和重定向做简单介绍。互操作方式对比见表 5-1。

表 5-1　互操作方式对比

终端行为	业务状态	命令来源	目标资源申请	源资源释放
重选	空闲态	终端自主行为	—	—
切换	连接态	网络下发	网络准备资源	切换完成后
重定向	连接态	网络下发	终端自主申请资源	重定向命令下发后
CCO	连接态	网络下发	终端自主申请资源	CCO 完成后

常见的三种互操作场景（方式）如图 5-2 所示。

1）LTE 系统和 UTRAN 或 GERAN 网络间的重选；

2）LTE 到 UTRAN 或 GERAN 网络的重定向；

3）LTE 系统和 UTRAN 或 GERAN 网络间的 PS 切换。

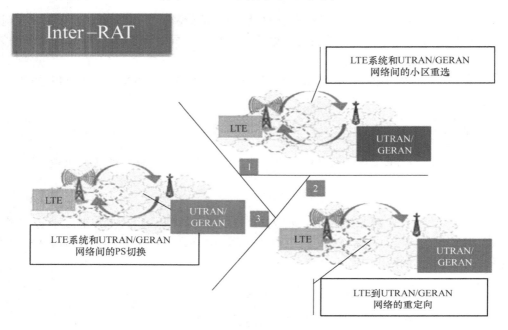

图 5-2　互操作方式

语音业务的两种互操作解决方案 CSFB 和 SR‑VCC 如图 5-3 所示。

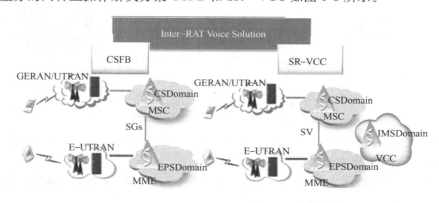

图 5-3　CSFB 与 SR‑VCC 网络拓扑

5.1.2　小区选择与重选

小区重选的目的是使 UE 移动到所选 PLMN 或者 EPLMN 里面"最好"的小区。小区重选的相关参数在 SIB3～SIB8 中下发，如图 5-4 所示。

图 5-4　LTE 系统消息说明

其中，LTE 系统内同频、异频小区，不同 RAT 优先级及重选公共参数在 SIB3 中携带，LTE 系统内同频邻区重选参数在 SIB4 中携带，LTE 系统内异频邻区重选参数在 SIB5 中携带，UMTS 的邻区列表及重选参数在 SIB6 中携带，GSM 的邻区列表及重选参数在 SIB7 中携带。

1. 小区选择的 S 准则

协议规定了小区选择的标准需要满足以下条件（S 准则，其中参数见图 5-5 和表 5-2）：

$$S_{rxlev} > 0$$
$$S_{rxlev} = Q_{rxlevmeas} - (Q_{rxlevmin} + Q_{rxlevminoffset}) - P_{compensation}$$

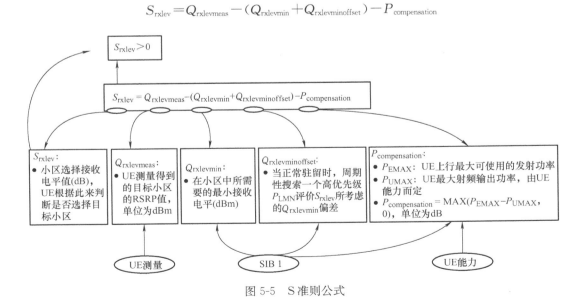

图 5-5　S 准则公式

表 5-2　S 准则参数说明

参数名称	参 数 说 明
S_{rxlev}	小区选择接收电平值（dB），UE 根据此值来判断是否选择目标小区
$Q_{rxlevmeas}$	测量得到的目标小区的接收电平值（RSRP），单位是 dBm
$Q_{rxlevmin}$	小区选择要求的最小接收电平值（dBm），在后台配置，在 SIB1 下发
$Q_{rxlevminoffset}$	当 UE 正常驻留在一个 VPLMN（Visited PLMN，访问 PLMN）中，周期性搜索一个高优先级 PLMN 时使用，是对 $S_{rxlevmin}$ 进行偏置，由后台配置，在 SIB1 中发送，和小区相关，参数默认认为 0dB
$P_{compensation}$	max（$P_{EMAX\_H} - P_{UMAX}$，0）（dB），中国移动网络目前取 0dB
P_{EMAX_H}	在该小区中上行发射时 UE 可以使用的最大发射功率，在后台配置，在 SIB1 下发
P_{UMAX}	UE 最大发射功率，由 UE 自身的能力等级来决定，高通终端默认为 23dBm

小区选择时 UE 不会使用系统消息或者专用信令中提供的关于不同频率或者 RAT 的优先级。

UE 无论在进行小区选择还是小区重选时，目标小区都要满足小区选择的 S 准则，UE 才会在该小区进行驻留。

除了要满足 S 准则，还要使 SIB1 中其他参数满足下列要求，UE 才会在该小区选择正常驻留：

① PLMN——不属于 FPLMN；

② TAC——不属于禁止注册域；

③ CELL BARRED——非闭锁；

④ cellReservedForOperatorUse——非保留。

2. 小区重选的 R 准则

$$R_s = Q_{meas,s} + Q_{hyst}$$
$$R_n = Q_{meas,n} - Q_{offset}$$
$$R_n > R_s$$

各参数含义见表 5-3。

表 5-3　R 准则参数含义

参数名	定　义
R_s	服务小区定级值
R_n	邻区定级值
Q_{meas}	小区重选时测得的 RSRP 值
Q_{hyst}	重选附加迟滞，由后台配置，在 SIB3 中发送，对应的字段名称为 Q_{hyst}
Q_{offset}	小区重选时相邻小区的质量偏差：如果两个小区是同频，且 $Q_{offsets,n}$ 有效，$Q_{offset} = Q_{offsets,n}$，否则为零；如果两个小区是异频，且 $Q_{offsets,n}$ 有效，$Q_{offset} = Q_{offsets,n} + Q_{offsetfrequency}$，否则 $Q_{offset} = Q_{offsetfrequency}$ 1) $Q_{offsets,n}$：两个小区间的偏移值（dB），由后台配置，和小区相关。根据重选目标小区是频内还是频间 EUTRAN 小区，该参数可分为： ① 频内 EUTRAN 小区重选 $Q_{offsets,n}$：在 SIB4 中发送，字段名称为 IntraQOffsetCell ② 频间 EUTRAN 小区重选 $Q_{offsets,n}$：在 SIB5 中发送，对应的字段名称为 InterQOffsetCell 2) $Q_{offsetfrequency}$：两个频点间的频率偏移值（dB），由后台配置，在 SIB5 中发送，对应的字段名称为 QOffsetFreq

3. 小区重选

小区重选的目的是使 UE 移动到所选 PLMN 或者 EPLMN 里面"最好"的小区。

总体来说，涉及 EUTRAN 的所有 Inter‐RAT 小区重选都是基于优先级的方式，对于 EUTRAN 和 UTRAN/GERAN，每个频点都可以配置单独的优先级。网络通过优先级设置，控制 UE 尽量驻留在高优先级的频点上。特别地，为了避免不同 RAT 之间的乒乓重选，相同的优先级取值不能同时用于多个 RAT 上。为了使 UE 尽量驻留在高优先级的频点，在小区重选的测量和评估过程中，高优先级的频点总是被测量和评估的，而只有当没有高优先级的频点可以选择并且服务小区的信道质量较差时，UE 才评估低优先级的频点。

（1）小区重选优先级处理

不同的 EUTRAN 频率或者 IRAT 频率之间的绝对优先级可以通过以下三种方式提供给 UE：

① 系统消息（system information）；

② RRC ConnectionRelease 消息；

③ 在 IRAT 小区重选时从其他 RAT 继承（inheriting from another RAT at inter‐RAT cell（re）selection）。

优先级取值为 0~7，取值越大，优先级越大。当前中国移动网络中 LTE 优先级＞TD‐SCDMA 优先级＞GSM 优先级，LTE 优先级为 7，TD‐SCDMA 优先级为 6，GSM 网络优先级为 1。

（2）小区重选测量启动

测量准则是 UE 是否对目标频点进行测量的依据，只有达到了测量准则的要求，UE 才会开始对目标频点进行测量。目标频点的优先级不同，其所对应的测量准则也有区别，具体见表 5-4。

表 5-4　小区重选测量准则

启动重选搜索	EUTRAN 同频	$S_{ServingCell} > S_{intrasearch}$	不执行频内测量	
		$S_{ServingCell} \leq S_{intrasearch}$	执行频内测量	
		无 $S_{intrasearch}$ 下发	执行频内测量	
	EUTRAN 异频、异系统（IRAT）	优先级高于服务小区	执行频间/系统间测量	
		优先级不高于服务小区	$S_{ServingCell} > S_{nonintrasearch}$	不执行频间/系统间测量
			$S_{ServingCell} \leq S_{nonintrasearch}$	执行频间/系统间测量

其中：

$S_{ServingCell}$ 代表服务小区根据 S 准则计算得到的值，S 准则中相关的参数可以在后台配置，在 SIB3 中下发；

$S_{intrasearch}$ 为打开同频测量的门限，可以在后台配置，在 SIB3 中下发；

$S_{nonintrasearch}$ 为打开异频门限（同优先级或低优先级），可以在后台配置，在 SIB3 中下发。

（3）小区重选判决

UE 只有在服务小区驻留 1s 后才会进行小区重选。

当达到测量准则后，UE 便会对目标频点进行检测来判断是否可以达到重选门限，一旦达到重选门限，UE 便会根据重选准则重选到目标频点，重选到目标频点所在的小区后，UE 会读取该小区的广播信息来判断该小区是否满足驻留的条件（S 准则）。

对于同优先级的邻区，UE 将为所有满足小区选择 S 准则的小区按以上重选 R 准则排队，如果在 $T_{\text{reselectionRAT}}$ 时间内某个小区排队为最好小区，UE 将对该小区执行重选。

对于不同优先级的异频及异系统的重选判决过程如下：

① 如果异频/RAT 目标小区优先级高于服务小区，当满足下列条件时触发重选：

$T_{\text{reselectionRAT}}$ 时间内目标小区满足 $S_{\text{nonServingCell, x}} > \text{Thresh}_{\text{x, HighP}}$。

② 如果异频/RAT 目标小区优先级低于服务小区，当满足下列条件时触发重选：

$T_{\text{reselectionRAT}}$ 时间内服务小区满足 $S_{\text{ServingCell}} < \text{Thresh}_{\text{Serving, LowP}}$ 并且目标小区满足 $S_{\text{nonServingCell, x}} > \text{Thresh}_{\text{x, LowP}}$。

其中各参数含义见表 5-5。

表 5-5　重选准则参数含义

参数名称	含　义
$T_{\text{reselectionRAT}}$	小区重选定时器，在后台可针对不同的频率/RAT 分别进行配置，在相应的广播消息中下发（UMTS－SIB6，GSM－SIB7）
$\text{Thresh}_{\text{x, HighP}}$	重选到高优先级小区时，目标 X 频点的高门限，后台可配置，在相应的广播消息中下发（UMTS－SIB6，GSM－SIB7）
$\text{Thresh}_{\text{Serving, LowP}}$	重选到低优先级小区时，服务频点低门限，后台可配置，在 SIB3 中下发
$\text{Thresh}_{\text{x, LowP}}$	重选到低优先级小区时，目标 X 频点的低门限，后台可配置，在相应的广播消息中下发（UMTS－SIB6，GSM－SIB7）

$S_{\text{nonServingCell, x}}$：对于 GERAN、UTRAN 和 EUTRAN 小区，$S_{\text{nonServingCell, x}}$ 是评估小区的 S 值。

4．移动状态下的参数缩放准则

当 UE 处在中速或高速移动状态下时，以上所有准则中的 $T_{\text{reselectionRAT}}$ 都要应用缩放准则。移动态下 UE 进行小区重选的时候需要通过缩放准则对重选参数进行预处理。

（1）移动状态检测准则

移动状态检测准则如图 5-6 所示。

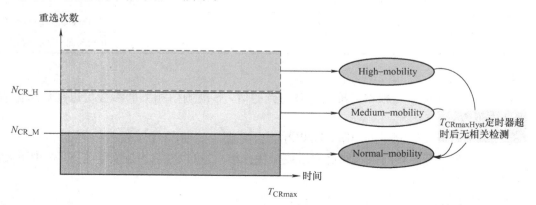

图 5-6　移动状态检测准则

各参数说明见表 5-6。

表 5-6　移动状态判定参数列表

参数名称	含　义	来　源
T_{CRmax}	用于指示 UE 进入中/高速移动状态判决时的时间窗	SIB3 中发送
N_{CR_H}	用于指示高速移动状态判决的小区重选次数门限	SIB3 中发送
N_{CR_M}	用于指示中速移动状态判决的小区重选次数门限	SIB3 中发送
$T_{CRmaxHyst}$	用于指示 UE 离开中/高速移动状态判决时的时间窗	SIB3 中发送

移动状态检测准则如下：

① 中速移动状态判断（medium - mobility），时间 T_{CRmax} 内小区重选次数大于 N_{CR_M} 小于 N_{CR_H}；

② 高速移动状态判断（high - mobility），时间 T_{CRmax} 内小区重选次数大于 N_{CR_H}。

（2）状态转换

① 如果满足高速移动状态准则，UE 进入高速移动状态；

② 如果满足中速移动状态准则，UE 进入中速移动状态；

③ 如果在时间 $T_{CRmaxHyst}$ 内，既没有满足高速移动状态准则，也没有满足中速移动状态准则，进入正常移动状态（normal - mobility）。

（3）参数缩放准则

应用缩放准则的处理过程如图 5-7 所示。

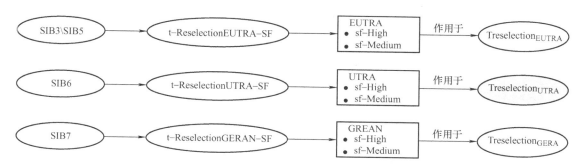

图 5-7　缩放准则处理过程

具体过程如下：

① 如果 UE 处于正常移动状态 normal - mobility，不使用缩放准则；

② 如果 UE 处于高速移动状态 high - mobility，将 Q_{hyst} 加上缩放因子 sf - High 作为它的值，将 $T_{reselectionRAT}$ 值乘以缩放因子 sf - High 作为它的值；

③ 如果 UE 处于中速移动状态 medium - mobility，将 Q_{hyst} 加上缩放因子 sf - medium 作为它的值，将 $T_{reselectionRAT}$ 值乘以缩放因子 sf - medium 作为它的值。

其中各参数含义见表 5-7。

表 5-7　缩放准则中参数含义

参　　数	含　　义
Q_{hyst}	重选附加迟滞，由后台配置，在 SIB3 中发送，对应的字段名称为 Q_{hyst}
sf - High	缩放因子，在后台配置，其中用于 Q_{hyst} 和 $T_{reselectionRAT}$ 的参数不是同一个，用于 Q_{hyst} 的在 SIB3 中携带，用于 $T_{reselectionRAT}$ 的在对应的广播消息中下发（UMTS - SIB6，GSM - SIB7）
sf - medium	缩放因子，在后台配置，其中用于 Q_{hyst} 和 $T_{reselectionRAT}$ 的参数不是同一个，用于 Q_{hyst} 的在 SIB3 中携带，用于 $T_{reselectionRAT}$ 的在对应的广播消息中下发（UMTS - SIB6，GSM - SIB7）

空口 SIB3 消息如图 5-8 所示。

```
,,
cellReselectionServingFreqInfo
{
  s-NonIntraSearch 30,
  threshServingLow 5,
  cellReselectionPriority 5
},
intraFreqCellReselectionInfo
{
  q-RxLevMin -65,
  p-Max 23,
  allowedMeasBandwidth mbw6,
  presenceAntennaPort1 TRUE,
  neighCellConfig '00'B,
  t-ReselectionEUTRA 1,
  t-ReselectionEUTRA-SF
  {
    sf-Medium oDot75,    0.75
    sf-High oDot5        0.5
  }
}
}
```

图 5-8　缩放因子空口消息解读

5. 现网参数设置解读

中国移动 LTE 服务小区最低接入电平为 -122dBm，最低接收电平偏移为 2dB，其他重选参数设置见表 5-8。

表 5-8　LTE 重选参数设置

分类	优先级	打开测量条件	执 行 条 件
同频	不考虑	$S_{ServingCell} \leqslant S_{intrasearch}$（28dB），即当服务小区 RSRP$\leqslant$28dB$+$（$-122dBm+$2dB）$=-92$dBm（根据 S 准则公式计算）时，开始测量	根据 R 准则进行排序，选择 R 值最好的小区

（续）

分类	优先级	打开测量条件	执行条件
异频同系统	目标小区的重选优先级＞服务小区的重选优先级	一直测量	$T_{reselectionRAT}$ 期间，$S_{nonServingCell,x}>$ Thresh$_{X,HighP}$（20dB），即目标小区的 RSRP＞－100dBm（由 20dB＋（－122dBm＋2dB）计算得来）时，执行重选
	目标小区的重选优先级＝服务小区的重选优先级	$S_{ServingCell}\leqslant S_{nonintrasearch}$（20dB），即当服务小区 RSRP≤20dB＋（－122dBm＋2dB）＝－100dBm（根据 S 准则公式计算）时，开始测量	根据 R 准则进行排序，选择 R 值最好的小区
	目标小区的重选优先级＜服务小区的重选优先级	$S_{ServingCell}\leqslant S_{nonintrasearch}$（20dB），即当服务小区 RSRP≤20dB＋（－122dBm＋2dB）＝－100dBm（根据 S 准则公式计算）时，开始测量	$T_{reselectionRAT}$ 期间，$S_{ServingCell}<$ Thresh$_{Serving,LowP}$（0dB）且 $S_{nonServingCell,x}>$ Thresh$_{X,LowP}$（15dB），即服务小区的 RSRP＜－120dBm（由 0dB＋（－122dBm＋2dB）计算得来）且目标小区的 RSRP＞－105dBm（由 15dB＋（－122dBm＋2dB）计算得来）
异系统	目标小区的重选优先级＞服务小区的重选优先级	一直测量	当前配置的 LTE 优先级最大
	目标小区的重选优先级≤服务小区的重选优先级	$S_{ServingCell}\leqslant S_{nonintrasearch}$（12dB），即当服务小区 RSRP≤12dB＋（－124dBm＋2dB）＝－110dBm（根据 S 准则公式计算）时，开始测量	$T_{reselectionRAT}$ 期间，$S_{ServingCell}<$ Thresh$_{Serving,LowP}$（4dB）且 $S_{nonServingCell,x}>$ Thresh$_{X,LowP}$ 即服务小区的 RSRP＜－116dBm（由 4dB＋（－122dBm＋2dB）计算得来） TD-SCDMA 的 Thresh$_{X,LowP}$ 为 16，最小接收电平为－115dBm，偏置为 0，则目标小区的 RSRP＞－99dBm（由 16dB＋（－115dBm＋0dB）计算得来） GERAN 的 Thresh$_{X,LowP}$ 为 14，最小接收电平为－109dBm，偏置为 0，则目标小区的 RSRP＞－95dBm（由 14dB＋（－109dBm＋0dB）计算得来）

5.1.3　重定向

虽然在 3GPP 36.331 协议中定义了 E-UTRA 与 3GPP 其他系统间的切换，但是目前中国移动在 LTE 和其他系统间的连接态互操作采用重定向的方式，切换仅用于 LTE 小区之间。此处对异系统间的切换就不做介绍了，下面主要介绍 LTE 与 UTRAN/GERAN 系统间的重定向。

EUTRAN 系统中的重定向（Redirection）主要是通过 RRC 连接释放消息中携带的重

定向消息来实现的，重定向消息可以包括 UTRAN/GERAN 的频点信息，UE 根据此信息进行向 UTRAN/GERAN 的重定向，即在目标 UTRAN/GERAN 频点进行小区选择以便驻留。

小区重定向分为基于测量和非测量两种。当选择基于测量的重定向时，eNodeB 收到 UE 的测量报告后（A2 测量报告），会选择优先级和信号较好的小区发起重定向；如果是基于非测量的，eNodeB 会在邻区列表中选择优先级最高的邻区发起重定向。

重定向消息中的 redirectedCarrierInfo 指示 UE 在离开连接态后要尝试驻留到指定的系统/频点。LTE 支持系统内重定向和系统间的双向重定向。

1. 重定向参数设置

目前中国移动采用的重定向策略是 LTE→TD‑SCDMA 采用测量重定向，LTE→2G 采用盲重定向。采用基于测量的重定向也需要终端的配合，如果终端不支持异系统测量，将采用盲重定向。测量重定向和盲重定向的最主要区别就是是否对目标系统进行测量。

基于测量的重定向是事件触发的，当前基于测量的重定向采用 A2＋B2 触发；盲重定向可以是事件 A2 触发，也可能是业务触发的，例如，中国移动目前的 CSFB 业务就是通过触发到 GSM 网络的盲重定向来实现的，具体事件和测量条件见表 5-9。

表 5-9　重定向参数列表

分类	打开测量条件	执行操作
LTE 异频	A2(20) 事件开启测量（threshold＝－110dBm）	下发 A2(30) 和 A3 事件进行异频测量
异系统	A2(30) 事件开启测量（threshold＝－113dBm）	B2 事件执行重定向（threshold1＝－114dBm，threshold2＝－93dBm，Ofn＝0dB，Hysteresis＝0dB，time to trigger＝0dB）
盲重定向	A2(40) 事件开启测量（threshold＝－119dBm）	选择邻区频点中系统优先级最高的小区（盲重定向用 RAT Priority）

A2(20)/A2(30) 的门限会下发给终端，但是 A2(40) 的门限不用下发给终端，当终端上报 A2 测量结果时，eNodeB 会根据上报的结果来判决是否触发 A2(40) 对应的盲重定向。

2. 重定向流程

以重定向到 TD‑SCDMA 网络为例，图 5-9 给出了重定向的信令流程。
流程说明：
1) UE 初始接入在 LTE 小区，并且 UE RRC 处于 CONNECTED 状态；
2) LTE TDD 服务小区信号减弱触发终端上报重定向 A2 测量报告，UE 上报 MeasurementReport 给 eNodeB，由 eNodeB 进行决策是否发起重定向；
3) eNodeB 通知 MME 释放 UE 上下文，并告知 UE 释放 RRC，在 RRCConnectionReleass 消息中携带了释放的原因与重定向的目标小区频点；
4) UE 发送 RRC 连接建立请求（RRCConnectionRequest）给 RNC，携带的建立原因

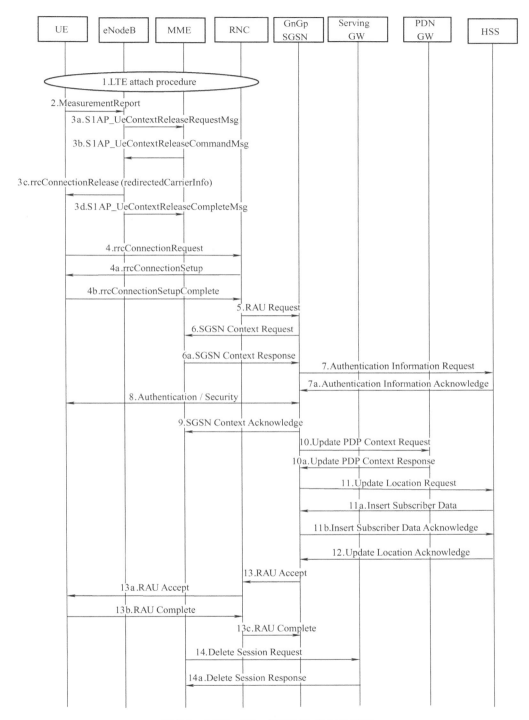

图 5-9　LTE→TD–SCDMA 重定向流程

（establishmentCause）为异系统间重选（interRAT–CellRedirect）；RNC 向 UE 发送 RRC-ConnectionSetup，UE 再向 RNC 发送 RRCConnectionSetupComplete；

5）UE 的 rrcConnectionSetupComplete 中携带给 SGSN 的 RAU Request，发起 RAU 流程；

6）SGSN 发送 SGSN Context Request 消息给 MME，MME 返回 SGSN Context Response 消息，携带 MM 和 PDP 上下文，MME 启动一个定时器；

7）SGSN 向 HSS 发送 Authentication Information Request（IMSI），HSS 响应 Authentication Information Acknowledge 消息，携带 GPRS 安全向量；

8）SGSN 发起和 UE 之间的安全流程；

9）SGSN 发送 SGSN Context Acknowledge 消息给 MME；

10）SGSN 向 PDN GW 发送 Update PDP Context Request 消息，更新 TEID 和 IP 地址；PDN GW 向 SGSN 发送 Update PDP Context Response 消息，更新成功；

11）SGSN 向 HSS 发送 Update Location Request 消息更新位置，HSS 发送 Insert Subsciber Data 给 SGSN，插入签约数据，SGSN 返回 Insert Subsciber Data Acknowledge 确认插入签约数据；

12）HSS 响应 Update Location Acknowledge；

13）SGSN 发送 RAU Accept 响应 UE，并分配一个新的 PTMSI；UE 响应 RAU Complete 消息。

在 MME 第 6 步启动的定时器超时之后，MME 向 Serving GW 发送 Delete Session Request 消息删除承载上下文，Serving GW 返回 Delete Session Response 消息，删除承载成功。

5.2　语音方案

在部署 LTE 网络时，对语音业务的支持有四种方式：

1）SVLTE（Simultaneous Voice and LTE）：双待手机方式，即手机同时工作在 LTE 和 CS，前者提供数据业务，后者提供语音业务；

2）CSFB（Circuit Switched Fallback）：语音业务由 GSM/TD‐SCDMA 网络继续承担，LTE 只提供数据业务，CSFB 是 LTE 短期语音解决方案；

3）SR‐VCC（Single Radio Voice Call Continuity）：在核心网提供 IMS 网络时，使用 IMS 提供基于 VoIP 技术的语音业务，同时支持语音业务在 LTE 网络和 UTRAN/GERAN 间切换，是 LTE 中长期语音解决方案，该方案需要终端支持；

4）VoLTE：LTE 网络实现全覆盖，使用单一网络提供数据和语音业务。

SVLTE 方案是纯粹基于手机的方案，对网络无特别要求，缺点是手机成本高、耗电高，这里不做进一步讨论。

CSFB 技术中，在 LTE 和 GSM/TD‐SCDMA 的双覆盖区域，对语音、LCS 和补充业务，LTE/EPC 网络触发终端从 LTE 回退到 GSM/TD‐SCDMA 网络并进行 CS 业务。

在起呼的时候，UE 从 LTE 回退到 CS 域起呼；终呼时，UE 在 LTE 网络收到寻呼，触发 UE 回退到 CS 网络；对短消息业务，UE 不需要回退到 CS 网络，在 LTE 下即可收发短消息。

SR‐VCC 技术中，网络已经部署了成熟的 IMS 网络，可基于 LTE 实现语音和多媒体业务，由于 LTE 网络的覆盖不足，为了保证语音业务的连续性，SR－VCC 技术将语音业务从 LTE 网络切换到 GSM/TD－SCDMA 网络，由 CS 网络继续保持语音业务。

CSFB 和 SR－VCC 技术都是过渡性方案，在实现了 LTE 网络全覆盖以后，SR－VCC可以自然地演进到 VoLTE。

目前终端都支持 CSFB，而支持 SVLTE 的终端比较少，新出的终端都逐渐开始支持VoLTE。

5.2.1　CSFB

CSFB 全称为 CS Fall Back，是 LTE 短期语音解决方案，是 3GPP R8 中 CS over PS 研究课题的成果之一。其背景是，由于目前大多数 LTE 和 2G/3G 双模终端的无线连接模式是Singal－radio mode，也就是具有 LTE 和 2G/3G 接入能力的双模或者多模终端，在使用LTE 接入时，无法收/发 2G/3G 电路域业务信号。为了使 UE 在 LTE 接入或驻留下能够发起语音业务等 CS 业务（主叫），以及接收语音等 CS 业务的寻呼（被叫），并且能够对 UE在 LTE 接入下正在进行的 PS 业务进行正确地处理，而产生了这种技术。

CSFB 技术中，在 LTE 和 2G/3G 的双覆盖区域，对语音、LCS（定位业务）和补充业务，LTE/EPC 网络触发终端从 LTE 接入回退到 2G/3G 网络接入并进行 CS 业务，如图 5-10所示。

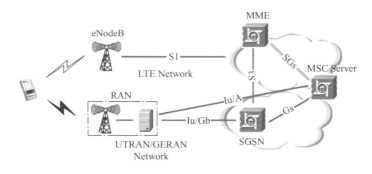

图 5-10　CSFB 方案对应的网络架构

CS Fallback 到 GERAN 小区可以采用三种方式：

1）PS HO；

2）CCO；

3）重定向。

CS Fallback 到 UTRAN（包括 TD 和 UMTS）小区可以采用两种方式：

1）PS HO；

2）重定向。

由于重定向是通过 RRC Connection Release 携带目标频点信息，然后 UE 重选后接入，R9 的协议新增了携带多个小区的系统信息，但时延仍然比前两种方式大，所以采用这几种方式（PS HO、CCO、重定向）的时延依次增加。

CSFB 触发的移动性管理过程见表 5-10。

表 5-10　各种场景下 CSFB 触发的移动性管理过程

CS Fallback 应用场景				CS Fallback 触发的移动性管理过程
呼叫类型	目标网络类型	目标网络能力、UE 能力		
MO/MT	GERAN	支持 PS HO		触发 PS HO 过程
		不支持 PS HO	支持 CCO（NACC）	触发 CCO（NACC）过程
			不支持 CCO：支持 Redirection	触发重定向过程
			不支持 CCO：Redirection（Multi System Information）	触发重定向过程（携带多小区系统信息）
	UTRAN	支持 PS HO		触发 PS HO 过程
		不支持 PS HO	支持 Redirection	触发重定向过程
			Redirection（Multi System Information）	触发重定向过程（携带多小区系统信息）

目前中国移动网络 CSFB 采用的是重定向到 GERAN 小区。下面重点介绍 LTE→GERAN 盲重定向的 CSFB 流程，如图 5-11 所示。

大致可以分为四个阶段：

1. ATTACH 过程

1）建立 RRC 连接。

① UE 向 eNodeB 发送 RRCConnectionRequest 消息申请建立 RRC 连接；

② eNodeB 向 UE 发送 RRCConnectionSetup 消息，包含建立 SRB1 信令承载信息和无线资源配置信息；

③ UE 完成 SRB1 信令承载和无线资源配置，向 eNodeB 发送 RRCConnectionSetupComplete 消息，携带 Attach request 信息；

④ eNodeB 选择 MME，向 MME 发送 Initial UE Message 消息，包含 NAS 层 Attach request 消息。

2）eNodeB 询问 UE 能力，UE 收到命令后，将 UE 能力信息上报给 eNodeB。

3）MME 发起鉴权、加密过程，发送 Authentication request 和 Security mode command 消息。

4）MME 向 UE 索取 ESM information。

5）MME 发起 initial context setup 过程。

① MME 向 eNodeB 发送 Initial Context Setup Request 消息，包含 NAS 层 Attach Accept 消息；

② eNodeB 接收到 Initial Context Setup Request 消息后，向 MME 发送 UE Capability Info Indication 消息，更新 MME 的 UE 能力信息；

③ eNodeB 根据 Initial Context Setup Request 消息中 UE 支持的安全信息，向 UE 发送 SecurityModeCommand 消息，进行安全激活；

④ UE 向 eNodeB 发送 SecurityModeComplete 消息，表示安全激活完成；

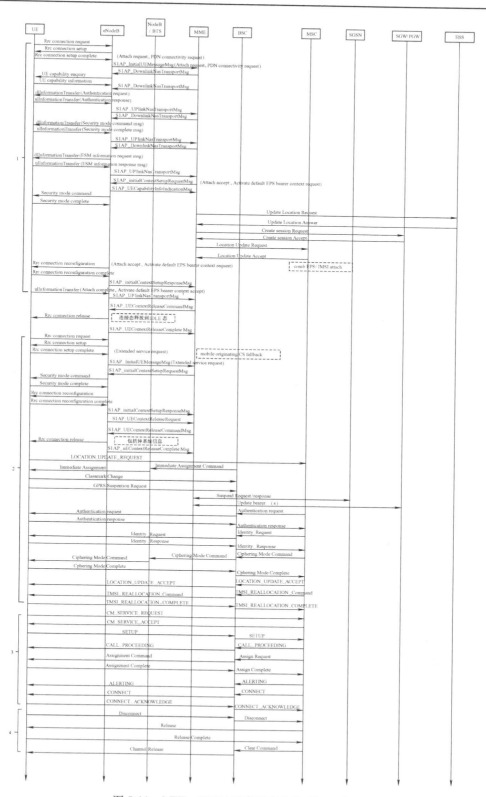

图 5-11　LTE→GERAN 盲重定向的 CSFB 流程

⑤ eNodeB 根据 Initial Context Setup Request 消息中的 ERAB 建立信息（attach accept），向 UE 发送 RRCConnectionReconfiguration 消息进行 UE 资源重配，包括重配 SRB1 信令承载信息和无线资源配置，建立 SRB2、DRB 等；

⑥ UE 向 eNodeB 发送 RRCConnectionReconfigurationComplete 消息，表示无线资源配置完成；

⑦ eNodeB 向 MME 发送 Initial Context Setup Response 响应消息，表明 UE 上下文建立完成。

6）UE 向 eNodeB 发送 ULInformationTransfer 消息，包含 NAS 层 Attach Complete、Activate default EPS bearer context accept 消息。

7）eNodeB 向 MME 发送上行直传 Uplink Nas Transport 消息，包含 NAS 层 Attach Complete、Activate default EPS bearer context accept 消息。

2. 回落到非 LTE 系统

1）如果 RRC Connection 没有 release，UE 将采用上行直传消息将 Extended service request（CS Fallback Indicator）带给 MME；如果有 RRC Connection release，那么 Extended service request（CS Fallback Indicator）是通过 RRC 连接建立过程的 RRC Connection Setup Complete 消息带给 MME。

2）MME 发起 Initial Context Setup 过程（同 ATTACH 过程的第 5 条）。

3）触发重定向。初始上下文建立后，eNodeB 通过 RRC Connection release 消息触发重定向，该消息中包含异系统信息。之后，eNodeB 通过发送 "S1 UE context release request" 要求 MME 释放 UE 上下文。

UE 回落到 GERAN 系统，读取广播消息，如果 LAI 和联合位置更新时相同，则直接转到 "3. 在非 LTE 系统中建立语音业务"，否则进行下述 4）～13）的 GERAN 网络的位置更新过程。

4）UE 向 MSC 发起 Location Update Request 消息（目标系统为 GERAN）。

5）BSC 经过 BTS 向 UE 发送 Immediate Assignment 消息，告知移动台有关使用的 SDCCH 信道的情况。这条信令中包括的参数有寻呼方式、SDCCH 信道描述、随路 SACCH、跳频、申请参数（与建立原因相同）、初始时间提前量和频率分配（跳频应用）。

6）UE 发起 Classmark Change，用来通知网络手机的一系列能力，网络可以选择是否让手机上报这些消息，其中 ECSC 这个参数就是用来控制手机是否上报这些消息（ECSC＝ecsc　Early classmark sending control）。

7）UE 通过 BTS 将 GPRS Suspention Request 发给 SGSN，然后 SGSN 将消息发给 MME，最后，接到 MME 发回的 Suspend response 消息。

8）在 MME 和 XGW 间进行 Update Bearer（s）。当 UE 处于挂起状态时，MME 会存储 UE 上下文。在 S－GW 和 P－GW 中，所有存储的 non－GBR 承载被标记为挂起状态。对于挂起的 UE 来讲，S－GW 将会丢弃收到的数据包。

9）鉴权过程。MSC 向 UE 发起 Authentication request，然后 UE 回复 Authentication response。

10）终端识别过程，实际上这是用来检查 IMEI 的一个识别过程。由 MSC 发起 Identity

Request，UE 收到后返回包含移动识别消息的响应。

11）加密模式过程。MSC 要求 BSC 从无线通路开始加密。假如网络想要在无线接口开始加密，需要在 A 接口发送消息。如果网络使用加密，那么 MS 在接收到 Ciphering Mode Command 消息后开始加密。当 UE 确认收到消息后，会由 Cphering Mode Complete 通知 MSC 移动台已经开始加密并开始以加密模式发送消息。

12）位置区更新接收。MSC 发送位置更新接收消息给移动台，以指示更新已经完成。

13）TMSI 再分配过程。

① MSC 发送 TMSI_REALLOCATION_Command 消息给 UE，UE 收到消息后，把 LAI 储存在 SIM 卡中；

② 如果接收到的身份识别是 UE 的 IMSI，UE 就把先前储存的 TMSI 删除；如果接收到的身份是 TMSI，UE 就把它存储在 SIM 中。在这两种情况下，UE 将发送一条 TMSI_REALLOCATION_COMPLETE 消息给网络。

3. 在非 LTE 系统中建立语音业务（以 GERAN 为例）

1）UE 以向 MSC 发 CM Service Request 消息发起 MO call，之后收到 CM Service accept 消息。

2）呼叫建立。在鉴权、识别、加密后，UE 处在 SDCCH 信道中，准备开始真正呼叫建立信令。UE 发送一条 Setup 消息给 BSC，再被送到 MSC。MSC 收到消息后回复 CALL_PROCEEDING，进入"移动主叫接续"状态。

3）指配过程。在 Assign Request 消息上开始 TCH（语音信道）的分配。在 A 接口，MSC 是主控者，它为 A 接口上的这次呼叫寻找一个可使用的电路。这条消息根据 GSM 规范包括了一些可选消息。这些可选消息是：呼叫的优先权、下行的不连续传输（DTX）、无线信道的识别和可用的接口带宽。BTS 进一步把收到的消息发送给 MS。消息内容主要包括信道描述、能量级别、小区信道描述、信道模式（全速率/半速率）和移动分配。

在 UE 收到 Assignment Command 后，会回复一条 Assignment Complete 给网络，以指示移动台已成功建立主信令链路。

4）振铃。当被叫终端接通后，MSC 会发送 ALERTING 消息，经过 BSC 给 UE，证明此时被叫也在振铃。

5）连接过程。MSC 通过 BCS 发送一条 CONNECT 消息给 UE，此消息向 UE 表明已经通过网络建立连接。当 UE 一收到 CONNECT 消息，它就把用户连接到无线通路上，并返回一条 CONNECT_ACKNOWLEDGE 消息，停止所有本地产生的振铃指示，进入"激活"状态，并将此消息通知给 MSC。

4. 通话结束

1）由 UE 发出 Disconnect 消息经 BSC 发给 MSC。消息内容主要包括：清除终端到终端的连接。这条消息将停止有关此次呼叫连接的收费。

2）MSC 收到来自 UE 的 Disconnect 消息后，会给 UE 发 Release 消息，要求 UE 结束通话。

3）UE 收到 MSC 发的 Release 消息后，会发送 Release Complete 消息通知网络它将释放处理标识，也就表示释放过程正在进行中。

4）MSC 收到 UE 发的 Release Complete 消息后，会下发 Clear Command 给 BSC，用来释放所有相关的资源。

5）BSC 收到 MSC 发的 Clear Command 消息后，会发 Channel Release 消息给 UE，使正在使用的 TCH 停止活动。另外，Clear Command 消息也被称为"第三层的断开消息"。在正常的呼叫建立情况下，呼叫原因为"正常"。

对于被叫的 CSFB 流程，MSC 首先通过 SGs 接口将寻呼消息转发给 MME，MME 将携带了 CS Service notification 的 paging 发给 eNodeB 进行寻呼。如果 UE 处于空闲态，eNodeB 通过 PCH 信道将该 paging 消息转发 UE；如果 UE 处于连接态，直接在业务信道中将该 paging 消息下发给用户，UE 收到 paging 消息后，和 CSFB 主叫的流程一样，只是在第二步读取 GERAN 系统广播后，如果 LAI 相同则直接发 paging response，如果 LAI 不同，那么将发起 LAU 流程，被叫回落失败。

CSFB 要求 LTE 跟踪区（TA）和回落系统的位置区（LA）边界对齐，否则就可能出现回落失败的情况。

5.2.2　SR – VCC

SR – VCC 是 LTE 中长期语音解决方案。

由于 LTE 网络的覆盖不足，为了保证语音业务的连续性，需要使用 SR – VCC 技术，将语音业务从 LTE 网络切换到 GSM/TD – SCDMA 网络，由 CS 网络继续保持语音业务，其对应的网络架构如图 5-12 所示。

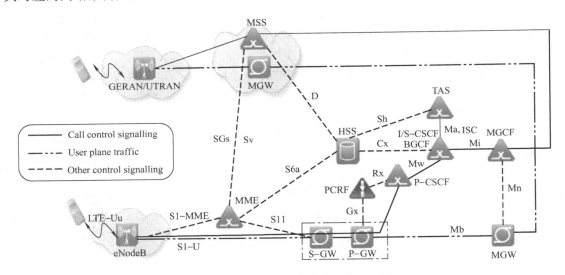

图 5-12　SR – VCC 语音方案组网架构图

相较于 CSFB 方案，SR – VCC 有如下特点：

1）SR – VCC 是个切换过程，在 LTE 网络中使用 VoIP，切换以后在 UMTS/GERAN 网络中使用 CS 业务提供语音服务，目前只支持从 LTE 网络向 GSM/TD – SCDMA 网络切换。

2）SR – VCC 要求部署 IMS 网络，实现会话控制。

3）新建 enhanced MSC 和 SR - VCC AS 支持 LTE Voice 到 CS 的切换。

4）终端需要支持 IMS 和 SR - VCC。

SR - VCC 技术在 LTE 网络部署的前期和中期使用，随着 LTE 网络的覆盖扩大，SR - VCC 的使用将越来越少。将来 LTE 网络实现全覆盖后，SR - VCC 方案可以平滑过渡到 VoLTE，采用单一 LTE 网络提供语音和数据业务。

1. VoLTE 网内语音呼叫流程

LTE 网络的语音业务呼叫建立流程（主被叫均在 LTE 网络）如图 5-13 所示。

具体流程如下：

1）用户 A 和 B 在注册成功后，无业务触发，MME 发起上下文释放，将 A 和 B 均置为 IDLE 模式。

2）UE A 呼叫 UE B，此时 A 发现其为 IDLE 模式，则需要先建立信令连接。首先缓存需要发送的数据，向 eNodeB 发起 RRC Connection Request，携带初始 UE ID 和 S - TMSI（第一次是随机值，此时 TMSI 值应为有效）。

3）eNodeB 向 UE 回复 RRC Connection Setup，其中携带无线资源专用配置信令。

4）UE 向 eNodeB 回复 RRC Connection Setup Complete，确认 RRC 建立成功。其中携带选择的 PLMN ID、注册的 MME 信息（plmn - id、mmegi、mmec）、NAS 消息（Service Request）。

5）eNodeB 发送 Initial UE Message 到 MME，其中携带 eNodeB UE S1AP Id、TAI、EUTRAN - CGI、RRCEstablishment Cause、NASPDU（Service Request）。

6）MME 侧用户面承载建立成功后向 eNodeB 返回 Initial Context Setup Request，携带 MME UE S1AP Id、ERAB 相关信息（QoS、GTP - TEID、ERAB Id、IP）、UE 安全能力和安全密钥。如果存在 UE 无线能力，也需要带回；如果没有 UE 无线能力，则 eNodeB 需要向 UE 索要 UE 无线能力参数。

7）无线承载的建立：对上下文进行处理，eNodeB 向 UE 发送 RRCConnection Reconfiguration 消息，其中包含测量配置、移动性配置、无线资源配置（RBs、MAC 主要配置、物理信道配置）、NAS 信息和安全配置等信息。

8）eNodeB 收到 UE 的 RRC Connection Reconfiguration Complete 消息，确认无线资源配置完成。

9）eNodeB 向 MME 发送 Initial Context Setup Response 消息，将 eNodeB 侧承载的 IP 和 GTP - TEID 带给 MME。在重配完成后，实际上已经可以发送上行数据了。此时，完成建立 EPS 数据业务连接（QCI8/9 承载），即完成在 EPC 侧的注册以及 IMS 的注册（QCI5 承载）。

10）用户 A 发送上行数据，呼叫用户 B，首先向 AS 服务器发送 INVITE 请求，LTE 系统中会以数据的方式进行传输，用户 A 发送上行数据到 AS 服务器，其中携带 SIP 信令 INVITE 请求。

11）AS 服务器发送 100 Trying 的确认消息给用户 A，确认收到 INVITE 消息。

12）同时转发 INVITE 到用户 B，发送下行数据首先经过 PDN 网关到 SGW 网关。

13）SGW 发现 UE B 为 IDLE 模式，发送下行数据到的通知到 MME，同时缓存数据。

14）MME 对 UE B 发起寻呼流程。同上述步骤 2)～9)，UE B 完成在 MME 以及 IMS

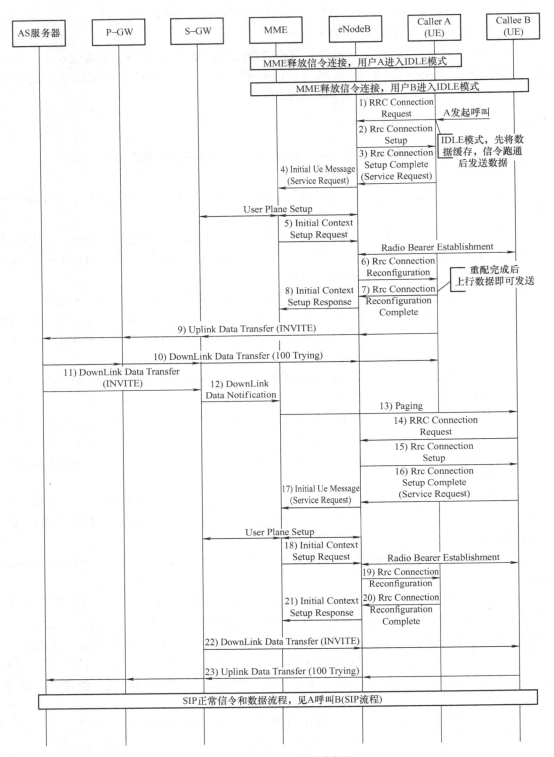

图 5-13 VoLTE 呼叫流程

的注册。

15）SGW 将缓存的数据发往 UE B，其中 SIP 信令为 A 呼叫 B 的 INVITE 消息。UE 发送上行数据到 AS，携带回复的 100 Trying 消息。

后续信令和数据的传输对 eNodeB 而言均是以业务流的形式出现，A 呼叫 B 的 SIP 呼叫业务流程如图 5-14 所示。

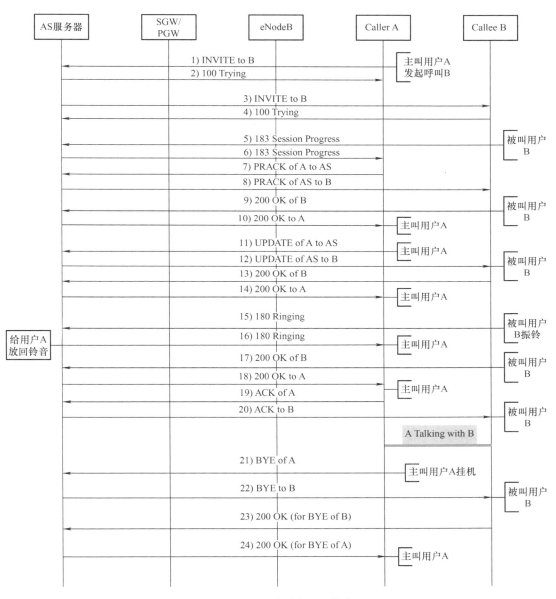

图 5-14　VoLTE 呼叫中 SIP 信令流程

具体流程如下：

1）用户 A，摘机对用户 B 发起呼叫，用户 A 首先向 AS 服务器发起 INVITE 请求；

2）AS 服务器回复 100 Trying 给用户 A 说明收到 INVITE 请求；

3）AS 服务器通过认证确认用户认证已通过后，向被叫终端 B 转送 INVITE 请求；

4）用户 B 向 AS 服务器送呼叫处理中的应答消息，即 100 Trying；

5）用户 B 向 AS 服务器送 183 Session Progress 消息，提示建立对话的进度信息（此时被叫 QCI1 专用承载建立）；

6）AS 服务器向主叫终端 A 转送 183 Session Progress 消息，终端 A 了解到整个 Session 的建立进度消息；

7）终端 A 向 AS 服务器回复临时应答消息 PRACK，表示收到 183 Session Progress 消息（此时主叫 QCI1 专用承载建立）；

8）AS 服务器向被叫终端 B 转送临时应答消息 PRACK，终端 B 了解到终端 A 收到 183 Session Progress 消息；

9）被叫终端 B 向 AS 服务器发送 200 OK 消息，表示 183 Session Progress 请求已经处理成功；

10）AS 服务器向主叫终端 A 转送 200 OK 消息；

11）主叫终端 A 向 AS 服务器发送 UPDATE 消息，意在与被叫终端 B 协商相关 SDP 信息；

12）AS 服务器向被叫终端 B 转送 UPDATE 消息；

13）被叫终端 B 向 AS 服务器发送 200 OK 消息，表示 UPDATE 请求已经处理成功；

14）AS 服务器向主叫用户 A 转送 200 OK 消息，通知用户 A UPDATE 请求已经处理成功；

15）被叫用户 B 振铃，用户振铃后，向 AS 服务器发送 180 Ringing 振铃信息；

16）AS 服务器向主叫终端 A 转送 180 Ringing 振铃信息；

17）被叫终端 B 向 AS 服务器发送 200 OK 消息，表明主叫最初的 INVITE 请求已经处理成功；

18）AS 服务器向主叫终端 A 转送 200 OK 消息，通知主叫终端 A，被叫终端 B 已经对 INVITE 请求处理成功；

19）主叫终端 A 向 AS 服务器发送 ACK 消息，意在通知被叫终端 B，主叫侧已经了解被叫侧处理 INVITE 请求成功；

20）AS 服务器向被叫终端 B 转送 ACK 信息；

21）用户 A 主动挂机，A 向 AS 服务器发起通话结束 BYTE 信息；

22）AS 服务器向被叫终端 B 转送 BYTE 信息；

23）被叫终端 B 向 AS 服务器发送 200 OK 消息，表示对 BYTE 信息处理成功；

24）AS 服务器向用户 A 转送 200 OK 信息，整个通话结束；

25）被叫用户 B 主动挂机流程同步骤 21）～24）。

在整个呼叫过程中，从 eNodeB 上来看，只有前期的 RRC 建立过程是在 eNodeB 控制下完成的，后续 SIP 信令交互过程，对于 eNodeB 而言是透明的，作为一种业务流处理。

eNodeB 上解析的信令流程和普通 PS 业务一样，如图 5-15 所示。

2. SR–VCC 流程

处于 VoLTE 连接状态的 UE 会同时保持 QCI＝8/9、QCI＝5、QCI＝1 的 ERAB 承载。其中 QCI＝5 的承载用来传输 IMS SIP 信令，QCI＝1 的承载用来传输语音流，QCI＝8/9 的

Uu	RRCConnectionRequest
Uu	RRCConnectionSetup
Uu	RRCConnectionSetupComplete
S1	INITIAL UE MESSAGE
S1	INITIAL CONTEXT SETUP REQUEST
Uu	SecurityModeCommand
Uu	RRCConnectionReconfiguration
Uu	RRCConnectionReconfigurationComplete
S1	INITIAL CONTEXT SETUP RESPONSE
Uu	SecurityModeComplete
Uu	RRCConnectionReconfiguration
Uu	RRCConnectionReconfigurationComplete
S1	E_RAB SETUP REQUEST
Uu	RRCConnectionReconfiguration
Uu	RRCConnectionReconfigurationComplete
S1	E_RAB SETUP RESPONSE
Uu	ULInformationTransfer
S1	UPLINK NAS TRANSPORT
S1	E_RAB SETUP REQUEST
Uu	RRCConnectionReconfiguration
Uu	RRCConnectionReconfigurationComplete
S1	E_RAB SETUP RESPONSE
Uu	ULInformationTransfer
S1	UPLINK NAS TRANSPORT

图 5-15　eNodeB 上看到的 VoLTE 交互信令

承载用来传输其他 PS 业务。

支持 SR－VCC 的 UE 在附着过程或者 TAU 过程中，在 NAS 层 Attach Request message 消息和 Tracking Area Updates 消息中的“MS Network Capability”IE 中，携带 SR－VCC 能力指示，通知 MME 该 UE 支持 SR－VCC。MME 存储 UE 的 SR－VCC 能力指示，用于 SR－VCC 过程处理。

支持 SR－VCC 能力的 UE 在业务请求处理过程中，MME 在 S1－AP 的 Initial Context Setup Request 消息中携带“SR－VCC Operation Possible”IE 指示 EUTRAN 网络，UE 和 MME 都支持 SR－VCC 能力。

UE 上报测量报告，eNodeB 根据 UE 测量报告判决触发 SR－VCC 过程，SR－VCC 流程如图 5-16 所示。

具体过程如下：

1）eNodeB 接收 UE 的测量报告；

2）eNodeB 根据测量报告进行判决，若 UE 已建立 VoIP 业务（QCI＝1），并且 2G/3G GERAN/UTRAN 目标小区不支持 VoIP 能力，触发 SR－VCC 过程，发送切换请求到 MME，携带是否需要同时进行 PS 域与 CS 域切换指示；

3）MME 与 MSC Server 通过 Sv 接口进行信令交互，请求 VoIP 业务的 PS to CS 切换处理；

4）MSC Server 与 MSC 进行信令交互完成 CS 域的切换资源的准备；

5）MSC Server 与 IMS 域 SR－VCC AS 交互完成 IMS 业务的会话转移流程；

6）MSC Server 向 MME 发送切换 PS to CS 切换响应消息，携带指示 UE 切入

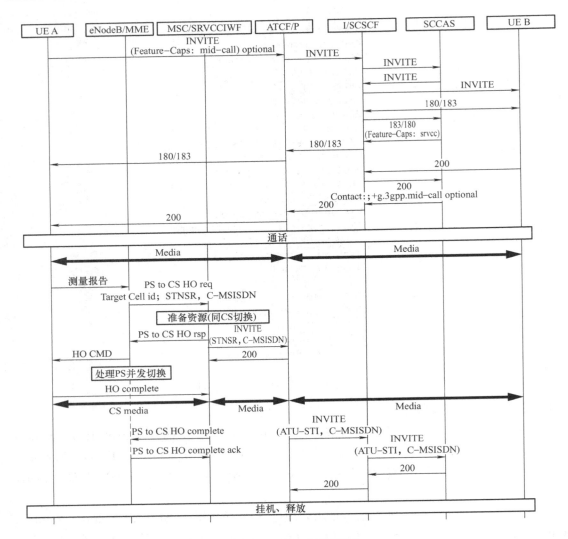

图 5-16　SR - VCC 流程

GERAN/UTRAN 的 CS HO 命令消息；

　　7）MME 同步 PS to CS 切换与 PS to PS 的切换响应；

　　8）MME 通过切换命令指示 eNodeB 切换准备完成；

　　9）eNodeB 指示 UE 从 EUTRAN 向目标 GERAN/UTRAN 切换；

　　10）UE 接入目标小区，VoIP 业务从 PS 域切换到 CS 域。

　　在 SR - VCC 处理过程中，对于 UE 已建立的非语音业务，根据网络、UE 的能力、业务的类型，MME 可以触发 PS HO、去激活 Deactivated（GBR 业务）或者挂起 Suspended（NGBR 业务）等业务处理流程，在 UE 结束 CS 域语音业务返回到 LTE 网络后，UE 通过 TAU 过程指示 MME，MME 检测 UE 存在挂起的业务，则可以恢复 UE 已挂起的业务。

　　SR - VCC 流程对于 eNodeB 而言，和其他 PS 业务的切换相似，流程如图 5-17 所示。

Uu	MeasurementReport
Uu	RRCConnectionReconfiguration
Uu	RRCConnectionReconfigurationComplete
Uu	MeasurementReport
S1	HANDOVER REQUIRED
S1	HANDOVER COMMAND
Uu	MobilityFromEUTRACommand
S1	UE CONTEXT RELEASE REQUEST
S1	UE CONTEXT RELEASE COMMAND

图 5-17　eNodeB 侧 SR - VCC 流程

5.2.3　CSFB 案例分析

1. 问题现象

某市测试中发现 CSFB 时延为 12s 左右，与正常情况 10s 内存在较大差距。

现场统计时延（从 ESR 到 Alerting）普遍在 12s 左右，其中回落时延在 2s 以内，而 2G 起呼则需要 10s 以上，如图 5-18 所示。

Index	Local Time	MS Time	SFN	SubSFN	Channel	RRC Message	NAS Message	Activ...	Info
226	09:38:14.281	09:37:59.404	454	4	DL DCCH	RRC Connection Reconfiguration			
231	09:38:14.281	09:37:59.405	0	0	UL DCCH	RRC Connection Reconfiguration...			
234	09:38:16.375	09:38:01.410	655	0	PCCH	Paging			
237	09:38:19.125	09:38:04.199	0	0			EXTENDED SERVICE REQ		
238	09:38:19.125	09:38:04.199	0	0	UL DCCH	UL Information Transfer			
240	09:38:19.171	09:38:04.305	944	5	DL DCCH	RRC Connection Release			
254	09:38:20.453	09:38:05.600	--	--			CM Service Request		
265	09:38:21.578	09:38:06.543	--	--			MM Identity Request		
266	09:38:21.578	09:38:06.543	--	--			MM Identity Response		
273	09:38:22.265	09:38:07.249	--	--			Authentication Request		
276	09:38:22.718	09:38:07.691	--	--			Authentication Response		
279	09:38:23.218	09:38:08.190	--	--			CM Service Accept		
280	09:38:23.218	09:38:08.190	--	--			Setup(MS to network direction)		spe
283	09:38:23.687	09:38:08.660	--	--			Call Proceeding		
316	09:38:30.984	09:38:15.994	--	--			Alerting(Network to MS direction)		
328	09:38:33.484	09:38:18.596	--	--			Connect(Network to MS direction)		
329	09:38:33.484	09:38:18.600	--	--			Connect Acknowledge		
375	09:38:43.468	09:38:28.493	--	--			Disconnect(MS to network direction)		16
376	09:38:43.562	09:38:28.700	--	--			Release(Network to MS direction)		
377	09:38:43.562	09:38:28.703	--	--			Release Complete(MS to network direction)		
380	09:38:43.890	09:38:29.020	--	--			Location Updating Request		
382	09:38:44.218	09:38:29.365	378	5	BCCH	System Information Block Type1			
384	09:38:44.218	09:38:29.365	0	0	BCCH	System Information			
385	09:38:44.218	09:38:29.365	0	0	BCCH	System Information			
386	09:38:44.218	09:38:29.365	0	0	BCCH	System Information			
395	09:38:44.218	09:38:29.377	0	0			TAU REQ		

回落时延 1.40 1s

2G起呼时延 10.394s

11.79 5s

图 5-18　CSFB 时延超长

周边地区的呼叫时延如图 5-19 所示。

2. 问题分析

通过对比消息流程，可以发现该市区 CSFB 时延较大，主要是 2G 起呼过程时延较大。经过了解，该市区 2G 设备为 A 厂商的设备，周边市区 2G 设备为 B 厂商的设备，两个厂商关于寻呼的策略不太一样，导致 CSFB 时延整体较大。

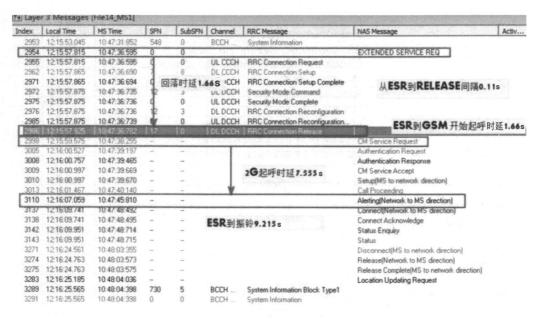

图 5-19　CSFB 正常时延

3.问题解决

已建议厂商 A 在核心网侧取消 IMSI 查询流程以及加密流程,并合理设置鉴权比例,以降低 2G 起呼时延。通过重新测试该市区的 CSFB 时延,已经降低到 10s 以内。

4.案例总结

CSFB 主要的时延集中在回落后在 GERAN 网络中发起业务的时候,所以在排查时延问题的时候,可以从以下方面分析:

1) LTE 网管上需要把 2G 的频点加精确,不要让终端回落到信号次好或不太好的 2G 小区上。

2) 如果在 LAC 区边界的话会有位置更新过程,时延会长一些,因此需要把 LTE 站点的 TAC 和共站 2G 的 LAC 匹配上。

3) 各个厂家在信令组包(包括寻呼组包)下发方面的算法都不太一样,时延也不一样。寻呼信道复帧数设置、核心网指配方式不同、寻呼消息和 PS 立即指配消息的下发优先级不同都会影响呼叫时延。

4) 对于 2G 这一块的时延,各厂家时延不同,差别较大,关于鉴权和加密应该都可以去掉(鉴权在核心网侧可以设置鉴权比例,不需要每次接入都进行鉴权,加密是可以直接关闭掉的,MM identity request 这个流程也是可以在核心网侧去掉的)。

5.2.4　VoLTE 切换准备案例分析

1.问题现象

在 VoLTE 通话阶段,UE 空口表现为发起多次 B2 测量后无法进行 eSR - VCC,最终导致重建立和掉话事件发生；eNodeB 侧表现为接收到手机上报 B2 测量并发起切换请求，但是收到来自核心网的切换准备失败消息。

2. 问题分析

正常情况下，eNodeB 收到该 B2 事件测量报告后下发 mobilityFromEUTRACommand 消息给 UE，UE 会收到 mobilityFromEUTRACommand 并实施切换。

异常情况下，UE 发起多个 B2 事件而未收到 mobilityFromEUTRACommand，结合 eNodeB 侧信令分析，如图 5-20 所示。

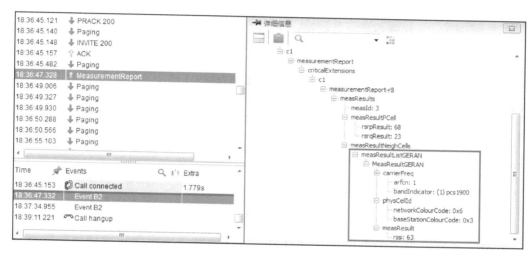

图 5-20　UE 上报测量报告

当 eNodeB 收到 B2 的测量报告后，向 MME 发送 handover require 消息（为 eSR - VCC 切换准备资源），但随后收到了切换准备失败的回复，如图 5-21 所示。

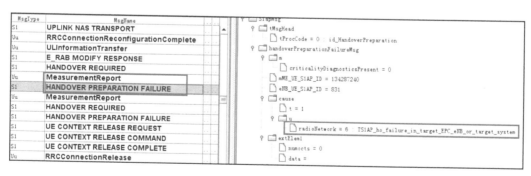

图 5-21　eNodeB 收到 MME 的切换准备失败

3. 解决方案

导致此类失败的原因通常是核心网未配置 SR - VCC 功能、未配置目标 MSC、未配置 TAU 等原因，核心网修改参数配置后，SR - VCC 流程恢复正常。

155

4. 案例总结

SR－VCC 流程主要的功能都是在核心网侧实现，对于 eNodeB 而言和其他的 PS 业务区别不大，如果该区域内 EUTRAN 网络的其他互操作指标正常，就需要协调核心网同时分析。

5.2.5　VoLTE 掉话案例分析

1. 问题现象

在某市 VoLTE 拉网测试中，针对网格 1，共 11 次呼叫，有 5 次被统计为掉话，具体见表 5-11。

表 5-11　VoLTE 测试通话释放原因分析

挂 机 时 间	时 间 信 息	初 步 原 因
17：44：42：546	IMS_SIP_BYE, 200 OK, NETWORK_TO_UE	无 DEACTIVE EPS REQ/ACC, 发生挂机时切换
18：42：09：316	IMS_SIP_BYE, 200 OK, NETWORK_TO_UE	正常
18：46：30：894	IMS_SIP_BYE, 200 OK, NETWORK_TO_UE	无 DEACTIVE EPS REQ/ACC, 重定 (852891_1→852097_7)
18：50：56：410	IMS_SIP_BYE, 200 OK, NETWORK_TO_UE	无 DEACTIVE EPS REQ/ACC, 重定 (852891_1→852097_7)
18：56：40：470	IMS_SIP_BYE, 200 OK, NETWORK_TO_UE	正常
19：00：33：406	IMS_SIP_BYE, 200 OK, NETWORK_TO_UE	正常
19：02：00：104	IMS_SIP_BYE, 200 OK, NETWORK_TO_UE	无 DEACTIVE EPS REQ/ACC, 重定 (884746_1→339690_2)
19：05：04：766	IMS_SIP_BYE, 200 OK, NETWORK_TO_UE	正常
19：08：26：978	IMS_SIP_BYE, 200 OK, NETWORK_TO_UE	无 DEACTIVE EPS REQ/ACC, 重定 (852022_4→339593_1)
19：12：47：084	IMS_SIP_BYE, 200 OK, NETWORK_TO_UE	正常
19：13：27：130	IMS_SIP_BYE, 200 OK, NETWORK_TO_UE	无 DEACTIVE EPS REQ/ACC, 重定向 (339596_5→38400 频点重定向失败 (PCI=280), 重选到 339596_3)
19：18：53：626	IMS_SIP_BYE, 200 OK, NETWORK_TO_UE	正常

2. 问题分析

VoLTE 业务正常释放流程如图 5-22 所示。

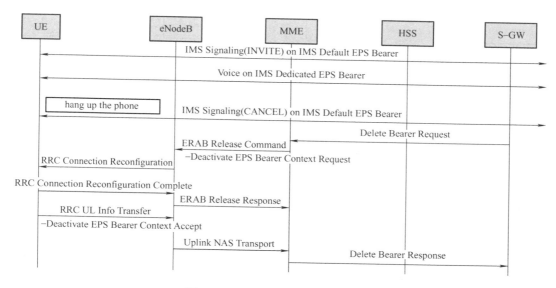

图 5-22　VoLTE 业务正常释放流程

1）IMS 网络的 SIP 释放流程，主要是 SIP 信令 BYE 200 OK；

2）EPC 网络承载释放，SGW 收到 IMS 网络（SBC）的承载释放命令后，向 MME 发起 VoLTE 业务的 EPS 承载释放。

从 UE 角度来看，VoLTE 释放主要有两条关键信令，一条是 SIP 信令 BYE 200 OK，还有一条是 NAS 信令 Deactivate EPS Bearer Context Request。

当前 VoLTE 正常释放的判断原则是在 5s 内同时出现 BYE 200 OK 和 Deactivate EPS Bearer Context Request 消息，判断为正常挂机流程，否则为掉话。正常的释放流程中这两个消息的间隔为 200ms 左右。

通过对测试 LOG 的分析，的确存在 BYE 200 OK 信令后不出现 Deactivate EPS Bearer Context Request 信令的现象，从信令流程异常点分析，是因为出现了重定向和挂机时切换，因此针对这两种情况进行分析。

1）重定向以后没有收到 Deactivate EPS Bearer Context Request。

当服务小区服务质量下降触发 A3 事件时，如果上报的相邻小区是未配置邻区关系的异频小区，这时就会触发系统内重定向。重定向流程如图 5-23 所示。

从该流程可以看出，当 eNodeB 判断发生重定向的时候，会删除建立的所有承载，包括 VoLTE 承载。UE 在新的小区接入后，只能建立默认的承载，无法恢复专用承载，所以无法恢复 VoLTE 业务。

在重定向至新小区接入后，只建立了 QCI=5、QCI=9 的承载，依然能传递 SIP 信令。重定向后由于没有 QCI=1 的承载，UE RTP 检测会超时（信令观察约 450ms），终端发送 BYE SIP 信令，此时对应用户感受也是掉话。

具体分析摸底测试中出现的重定向主要是室分信号泄漏、室分站点经纬度错误导致邻区漏配占 3 次，宏站扩容站点邻区漏配占 1 次。

2）挂机时切换 UE 未收到 Deactivate EPS Bearer Context Request。

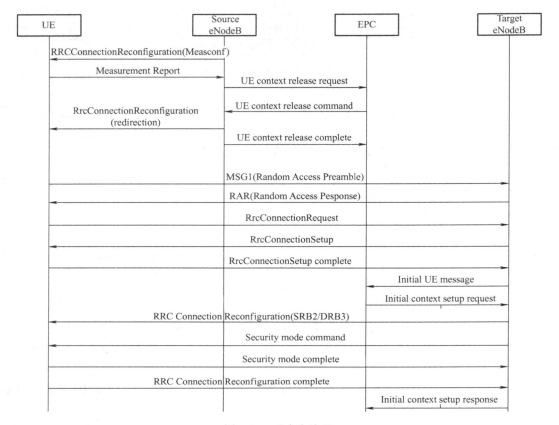

图 5-23　重定向流程

挂机时切换 UE 消息截图如图 5-24 所示。

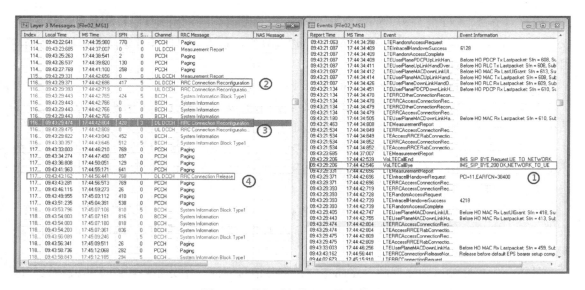

图 5-24　挂机时切换 UE 消息截图

具体流程如下：

① 17：44：42：546：BYE 200 OK（终端此时正常挂机）；

② 17：44：42：696：间隔 150ms 后发起切换（切换目的为 PCI=11 的小区，其 RSRP=−96dBm），在目标小区通过切换流程正常接入，建立起了 SRB1、SRB2、2 个 AM DRB 和 1 个 UM DRB；

③ 17：44：42：804：间隔 108ms 后，eNodeB 下发重配命令删除 QCI=1 的承载；

④ 17：44：56：441：eNodeB 下发 RRC connection Release 消息。

在切换后 UE 一直没有收到 Deactivate EPS Bearer Context Request，导致该通话被统计为掉话。但是从用户体验来看，这次通话是正常释放。

对照 eNodeB 和 MME 上信令，发现在源 eNodeB 上发起切换后收到了 MME 发来的 Deactivate EPS Bearer Context Request，由于此时已经发起切换流程，源小区会发送原因值为触发切换（handover trigger）响应消息给 MME，MME 删除 QCI=1 的 EPS 承载。

UE 在目的小区接入后，目标小区 eNodeB 会向 MME 发送包含 QCI=1 在内的 Path Switch Request 消息，MME 此前已经删除了 VoLTE 的专用承载（QCI=1 的承载），因此 MME 通过 Path Switch Request acknowledge 消息直接删除了 QCI=1 的承载，导致基站侧给终端发送重配消息，删除对应 QCI=1 承载（UE 侧对应图 5-24 步骤③），并且 MME 后续也不会发送 Deactivate EPS Bearer Context Request。

虽然此场景对用户感知并无影响，但是针对当前定义的 VoLTE 掉话统计，会被记为掉话。对此 MME 侧有规避机制，可以在用户接入新小区后再次发送 Deactivate EPS Bearer Context Request 消息。

3. 问题处理

对于重定向导致的 VoLTE 掉话，需要在工程建设中维护好工参信息，特别是小区的经纬度和小区方向角信息；对于新建扩容站点要及时维护邻区关系，日常网络优化工作中要周期性地审视邻区关系，根据切换统计指标适时调整。后续开通 ANR（Automatic Neighbor Relation，邻区自动关联）功能后，邻区关系维护可以更加智能，可以通过 EUTRAN 系统内重定向（异频切换原因）指标对该问题进行监控。

对于挂机过程中切换导致的统计掉话，因为目前 LTE 小区覆盖半径较小，特别是在城区，一般就是 300～700m，切换比较频繁，对于路测指标的影响较大。目前可以通过 MME 侧修改去激活 EPS 承载流程，在收到源小区包含触发切换的去激活 EPS 承载响应后，MME 等切换完成后通过向目标小区再次发送去激活 EPS 承载命令来实现。

4. 案例总结

VoLTE 业务有别于传统 PS 业务，对于 EUTRAN 而言，VoLTE 业务都是透传信息，当前监控 EUTRAN 后台指标也无法反映 VoLTE 用户的实际感受。在开启 VoLTE 业务后必须深化路测，依靠路测发现问题，同时在 EUTRAN 后台网管引入新的指标来评估 VoLTE 业务性能。

知识归纳

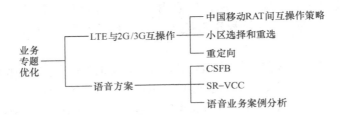

知识要点

1) LTE 与 2G/3G 互操作方式（重选、切换、重定向和 CCO），中国移动默认 LTE 网络优先级最高；

2) 理解小区选择的 S 准则和小区重选的 R 准则，小区选择参数在 SIB1 中下发，重选参数在 SIB3～SIB8 中下发；

3) 移动状态下，先根据指定时间内的重选次数判定用户的运动状态（中速、高速），根据运动状态对重选参数进行缩放，然后再进行小区重选判决；

4) LTE 支持基于测量的重定向和盲重定向，重定向可以出现在 LTE 系统内的小区之间，也可以出现在 LTE 与 2G/3G 系统之间；

5) LTE 到 2G 的盲重定向目前主要应用于语音 CSFB；

6) LTE 支持 SVLTE、CSFB、SR－VCC/VoLTE 和 OTT 等语音解决方案；

7) CSFB 回落到 2G 网络可以采用 PS HO、CCO 和重定向方式，其呼叫建立时延是逐步增加，配置复杂度相对减小；

8) 中国移动 CSFB 采用盲重定向回落到 2G 网络，要求 LTE 的 TA 和 2G 的 LAC 边界要对齐；

9) CSFB 主要包括联合附着、位置更新、主叫/被叫 CSFB 流程和去附着等过程，被叫 CSFB 过程（LTE 到 2G）主要分为 LTE 网络中起呼回落 2G、2G 网络发起呼叫，呼叫结束后返回 LTE 网络；

10) SR－VCC 是 LTE 语音中长期解决方案，当 LTE 网络实现全覆盖后便是 VoLTE，在无 LTE 覆盖条件下可以将进行中的通话切换到 2G/3G 网络；

11) SR－VCC 方案需要部署 IMS 网络，同时需要 UE 支持 VoLTE；

12) 对于 eNodeB 而言，VoLTE 是透传业务，SIP 信令和语音包都是 eNodeB 的用户面数据；

13) 处于 VoLTE 连接状态的 UE 会同时保持 QCI＝8/9、QCI＝5、QCI＝1 的 ERAB 承载；QCI＝8/9 的 EPS 用于承载 PS 业务，QCI＝5 的 EPS 用于传 SIP 信令，QCI＝1 的 EPS 用来传语音流。

自我测试

一、填空

1. _____是 LTE 为了节省 PDCCH 资源而提出的一种新的调度法，最初主要是针对 VoIP 业务，其可大大降低信令开销，使信令开销资源最低可仅为业务的 1.3%。

2. LTE 系统消息中，异频重选信息包含在_____中。

二、判断

1. LTE 实现 VoIP 业务不需要 IMS 的支持。（　　　）

2. SR‐VCC 相比 CSFB，对 UE 没有特殊需求。（　　　）

三、选择

1. LTE 语音业务最终解决方案是（　　　）。

A. CSFB　　　　　　B. VoLTE　　　　　　C. SVLTE　　　　　　D. OTT

2. VoLTE 主要是引入（　　　）来提供高质量的分组域承载。

A. MME　　　　　　B. SGSN　　　　　　C. IMS　　　　　　D. EPC

3. 以下关于 SR‐VCC 的说法，错误的有（　　　）。

A. SR‐VCC 发生在 UE 漫游到 LTE 覆盖的边缘地区时

B. R99 SR‐VCC 支持 CS 到 LTE 的语音连续性切换

C. SR‐VCC MSC 可以新建，避免现网 MSC 升级

D. SR‐VCC 基于 IMS 业务控制架构实现

4. VoLTE 的信令和媒体经_____路由至_____网络，由_____提供会话控制和业务逻辑。（　　　）

A. SGW EPC IMS　　B. IMS EPC PGW　　　C. SGW PGW EPC　　D. EPC IMS IMS

5. VoLTE 语音通话过程中要保持以下承载（　　　）。

A. QCI9　　　　　　B. QCI5　　　　　　C. QCI1　　　　　　D. QCI2

6. 与 SRCC 相比，CSFB 的优势在于（　　　）。

A. 无需部署 IMS，新增网元少，网络部署快

B. 由现网提供 CS 业务，用户业务感受一致

C. 跨运营商接口少，易于实现跨网漫游

D. 语音和 LTE 数据业务能够并行

7. TD‐LTE 的小区重选 S 法则要求小区满足（　　　）。

A. $S_{rxlev} > 0dB$

B. $S_{qual} > 0dB$

C. A 和 B 同时满足

D. A 或 B 满足其中一项

8. 寻呼由网络向（　　　）状态下的 UE 发起。

A. 仅空闲态

B. 仅连接态

C. 空闲态或连接态都可以

D. 以上说法都不对

9. 同频小区重选参数 cellReselectionPriority 通过哪条系统消息广播？（　　　）

A. 系统消息 1　　　　B. 系统消息 3　　　　C. 系统消息 5　　　　D. 系统消息 2

10. 以下哪个参数不用于异系统小区重选控制？（　　　）

A. $S_{IntraSearch}$　　　B. $S_{NonintraSearch}$　　　C. $Thresh_{X,High}$　　　D. $Thresh_{X,Low}$

11. UE 的能力等级信息可以在哪条消息中读取？（　　　）

A. Initial UE Context Setup Request

B. RRC Connection Reconfiguration

C. Connection Setup Reconfiguration Complete

D. MIB

12. 与 2G/3G 网络不同，LTE 系统中引入了重选优先级的概念，以下描述正确的是（   ）。

A. 在 LTE 系统中，网络可配置不同频点或频率组的优先级，通过广播在系统消息中告诉 UE，对应参数为 cellReselectionPriority，取值为 0～7

B. 优先级配置单位是频点，因此在相同载频的不同小区具有相同的优先级

C. 通过配置各频点的优先级，网络能更方便地引导终端重选到高优先级的小区驻留，起到均衡网络负荷、提升资源利用率、保障 UE 信号质量等作用

D. 以上描述都不对

13. 低优先级小区重选判决准则是：当同时满足以下条件时，UE 重选至低优先级的异频小区。（   ）

A. UE 驻留在当前小区超过 1s，高优先级和同优先级频率层上没有其他合适的小区

B. $S_{servingcell} > 0$

C. 低优先级邻区的 $S_{nonservingcell, x} > Thresh_{x, low}$

D. 在一段时间（$T_{reselection\text{-}EUTRA}$）内，$S_{nonservingcell, x}$ 一直好于该阈值（$Thresh_{x, low}$）

四、简答

1. VoLTE 有哪些关键技术？

2. 简述 VoLTE 通话建立流程中的 SIP 信令。

附　　录

附录 A　核查参数列表

序　号	字段名称	字段中文含义
1	wCId	小区标识
2	wTAC	TA 码
3	byFreqBandInd	上下行载频所在的频段指示
4	dwCenterFreq	中心载频
5	bySysBandWidth	小区系统频域带宽（M）
6	wPhyCellId	标识小区的物理层小区标识号
7	wLogRtSeqStNum	产生 64 个前导序列的逻辑根序列的起始索引号
8	byNcs	在逻辑根序列基础上所执行的循环移位索引参数（Ncs）（用于产生 64 个前导序列）
9	byMaxRetransNum	PRACH 前导码重传的最大次数
10	byPreInitPwr	PRACH 初始前导码目标接收功率
11	byMaxHARQMsg3Tx	Message3 最大发送次数

附录B　影响流量的告警

告　警	可能原因
Link Broken Between OMM and NE（198099803）	①网络传输故障；②传输参数配置有误
BBU Reference Clock Unlock（198091000）	无GPS时钟信号、CC板启动异常
eBBU synchronization abnormal（198091054）	BBU内部时钟失锁、CC板启动异常
GPS receiver failed to search stars（198091072）	GPS故障或安装位置受阻挡
GPS receiver loss all the satellites（198091073）	
PP1S of configured clock source lost（198091066）	GPS和RGB馈线连接问题
Pulse per second status of 1PPS＋TOD is not applicable（198091101）	
UCI receiver frame at optical port is unlocked（198091063）	RGB和UCI光纤连接问题
UCI optical module of optical port has no light signal（198091062）	
Can't receive text of a telegram（198091104）	①RGB未上电；②RGB和UCI光纤连接问题
1PPS＋TOD time information resolution abnormity（198091102）	时钟线接反
Board PLL is unlocked（198091065）	UCI时钟丢失
Board Communication Link Break（198091025）	BPL/CC单板通信模块故障、通信模块启动中
Optical module receiving signal strength abnormal alarm（198091114）	①RRU运行异常；②光纤链路断；③光模块故障；④BPL板运行异常
Optical Port Lost（198091106）	
Optical Port LOS Alarm（198091107）	
Optical Port LOF Alarm（198091108）	
The RF resource which configed by eBBU cell under abnormal status（198091094）	
Software Running Status Abnormal（198091081）	
DL Output Less/Over Power Alarm（198091208）	RRU故障导致功率异常，可能需要更换RRU
Cell Setup Failure（198091083）	①偶联未建立；②参数配置有误（未配置射频相关）
DL SWR Alarm（198091209）	驻波比告警、RRU射频口和天线未连接或射频线缆问题
SCTP Coupling Break（198091111）	①偶联参数配置有误；②传输不稳定

附录C　LTE 主要协议规范

物理层规范	高层规范	接口规范	射频规范	终端一致性规范
36.2XX	36.3XX	36.4XX	36.1XX	36.5XX

		物理层规范
TS 36.201	Physical layer：General description	物理层综述协议，讲述物理层在协议结构中的位置和作用、物理层四个规范的主要内容和相关关系
TS 36.211	Physical channels and modulation	主要描述了物理层信道和调制方法，包括物理信道的定义、结构、帧格式，下行 OFDM 和上行 SC-FDMA 描述，预编码设计，定时关系等内容
TS 36.212	Multiplexing and channel coding	描述传输信道和控制信道的数据处理，包括复用、交织、速率匹配、信道编码、层1/层2控制信息编码
TS 36.213	Physical layer procedures	描述物理层过程特性，包括同步、功率控制、随机接入、上下行共享信道相关过程等
TS 36.214	Physical layer：Measurements	描述物理层测量特性，包括 UE 和 EUTRAN 的物理层测量、测量结果上报、切换测量和空闲模式测量等
		高 层 规 范
TS 36.300	Overall description	无线接口协议框架总体描述，包括 EUTRAN 协议框架、各功能实体功能划分、无线接口协议栈、物理层框架描述、空口高层协议框架描述、RRC 服务和功能等
TS 36.321	MAC protocol specification	MAC 层描述，包括 MAC 层框架、MAC 实体功能、MAC 过程、MAC PDU 格式和定义
TS 36.322	RLC protocol specification	RLC 层描述，包括 RLC 层框架、RLC 实体功能、RLC 过程、RLC PDU 格式和定义
TS 36.323	PDCP specification	PDCP 层描述，包括 PDCP 层框架、PDCP 实体功能、PDCP 过程、PDCP PDU 格式和定义
TS 36.331	RRC protocol specification	RRC 层描述，包括 RRC 层框架、RRC 层对上下层提供的服务、RRC 过程、RRC 测量、系统消息定义和连接控制等
		接 口 规 范
TS 36.401	Architecture description	EUTRAN 整体架构和整体功能描述，包括 EUTRAN 框架结构、信令和数据传输的逻辑划分、用户面和控制面协议等
TS 36.413	S1 AP（Application protocol）	S1 接口应用协议，是 S1 接口最主要的协议，包括 S1 接口信令过程、S1AP 功能、S1AP 过程和 S1AP 消息
TS 36.423	X2 AP（Application protocol）	X2 接口应用协议，是 X2 接口最主要的协议，包括 X2 接口信令过程、X2AP 功能、X2AP 过程和 X2AP 消息

参 考 文 献

[1] 张守国，张建国，李署海，等．LTE 无线网络优化实践 [M]．北京：人民邮电出版社，2014.
[2] 徐彤，孙秀英．WCDMA 无线网络规划与优化 [M]．北京：机械工业出版社，2014.